Wołczek · Maria Skłodowska-Curie

Abb. 1. *Maria Skłodowska-Curie*

Biographien
hervorragender Naturwissenschaftler,
Techniker und Mediziner Band 29

Maria Skłodowska-Curie
und ihre Familie

Prof. Dr. Olgierd Wołczek, Warschau

4., unveränderte Auflage

Mit 28 Abbildungen

BSB B. G. Teubner Verlagsgesellschaft · 1984

Herausgegeben von
D. Goetz (Potsdam), I. Jahn (Berlin), E. Wächtler (Freiberg), H. Wußing (Leipzig)

Verantwortlicher Herausgeber: D. Goetz
Deutsche Übersetzung: Kordula Zubrzycka

Aufnahmen: Maria-Skłodowska-Curie-Museum der Polnischen Akademie der Wissenschaften in Warschau, Museum der Technik der Technischen Dachorganisation NOT, Archiv des Verlages PWN, Polnische Agentur Interpress – Jan Morek

In Zusammenarbeit mit dem Verlag Interpress, Warschau

Redaktionsschluß: Juni 1979

ISBN-13: 978-3-322-00532-8 e-ISBN-13: 978-3-322-82216-1
DOI: 10.1007/978-3-322-82216-1

4. Auflage
VLN 294-375/51/84 · LSV 1108
Lektor: Dipl.-Journ. Ing. Hans Dietrich

Gesamtherstellung: Grafische Werke Zwickau
Bestell-Nr. 665 833 4

00650

INHALT

1. Träume und Wirklichkeit 6

2. Das große Paris 20

3. Pierre und Maria 30

4. Radioaktivität 68

5. Einsam auf dem Gipfel des Ruhms 94

6. Perspektiven 127

1. TRÄUME UND WIRKLICHKEIT

Maria Sklodowska-Curies Leben war seit ihrer Kindheit mit Warszawa verbunden. Ihre Eltern, die beide Pädagogen waren, wohnten und unterrichteten dort. Ihre Mutter, *Bronislawa Sklodowska* geborene *Boguska,* stammte aus einer Familie, deren Leben oft von romantischen, stark gefühlsbetonten Begebenheiten bestimmt wurde. Der Großvater der Gelehrten, *Feliks Boguski,* Eigentümer eines kleinen Gutshofes, verliebte sich in ein Mädchen, das dem etwas höhergestellten Adel angehörte. Als er das Mädchen heiraten wollte, stieß er bei ihrer Familie auf entschiedene Ablehnung. Ohne groß nachzudenken entführte er seine Auserwählte und ließ sich heimlich mit ihr trauen.

Der Vater *Marias, Wladyslaw Sklodowski,* entstammte ebenfalls dem Kleinadel. Schon sein Vater hatte aber das Dorf verlassen und wurde nach seiner Ansiedlung in Lublin Direktor des dortigen Gymnasiums. Sowohl er als auch sein Sohn *Wladyslaw* absolvierten in Petersburg ein Hochschulstudium. Es war also eine Familie, die auf vielfältige Weise mit der Lehre und mit der Wissenschaft verbunden war, mehr noch, der Vater der zukünftigen Gelehrten unterrichtete am Gymnasium Mathematik und Physik.

Maria wurde am 7. November 1867 in Warszawa, in der Freta-Straße 16 geboren. In ihrem Geburtshaus befindet sich heute ein Museum, das ihrem Andenken gewidmet ist. Damals war das Haus eines der besten Pensionate Warszawas, das von *Marias* Mutter, *Bronislawa Sklodowska,* geleitet wurde.

Ein Jahr nach *Marias* Geburt wurde *Wladyslaw Sklodowski* zum Unterinspektor des II. Warschauer Knabengymnasiums in der Nowolipki-Straße ernannt. Die Familie siedelte damals in eine andere Wohnung über. Wegen des weiten Weges und zahlreicher häuslicher Pflichten mußte die Mutter in jener Zeit auf die Leitung des Pensionats verzichten. Sie widmete sich der Erziehung ihrer fünf Kinder, der vier Mädchen *Zofia, Helena, Bronislawa* und *Maria* und des Jungen *Józef.*

Die häusliche Atmosphäre, in der die künftige Gelehrte aufwuchs, war familiär und sehr herzlich. Doch lernte *Maria* niemals mütterliche Zärtlichkeit kennen, da Frau *Bronislawa Sklodowska* zu jener Zeit, als sie der Geburt *Marias* entgegensah, an Tuberkulose erkrankte. Damals galt diese Krankheit als unheilbar, und die

Furcht vor einer Ansteckung zwang die Mutter, den direkten Kontakt mit den Kindern zu meiden. Das war weder für die Mutter noch für die Kinder leicht, und es ist anzunehmen, daß sich das auch auf die Persönlichkeitsentwicklung *Marias* ausgewirkt hat.

Einen wesentlichen Einfluß auf ihre Psyche übte der lebendige Kontakt zur Natur aus, deren Reize sie insbesondere während der Ferien in sich aufnahm. Die Familien des Vaters und der Mutter waren ziemlich groß und lebten über ganz Polen verstreut. Obwohl die finanzielle Lage der Eltern nicht gut war, konnten so die Kinder die Ferien auf dem Land, mal in dieser, mal in jener Gegend Polens verbringen.

Im Hause der Familie *Sklodowski*, wo man immer mit der Unterrichtung von Kindern und Jugendlichen zu tun hatte, herrschten ausgezeichnete Bedingungen für die geistige Entwicklung der jungen Generation.

Maria zeigte von frühester Kindheit an eine große Neigung zum Lesen. Ihre Tochter *Eve*, Journalistin, beschreibt folgende charakteristische Szene aus den ersten Lebensjahren ihrer Mutter:

Brońcia, der das Erlernen des ABC's zumindest wenig unterhaltsam erschien, kam auf die Idee, daß es viel angenehmer wäre, wenn sie sich *Maniusia* als „Schülerin" zur Gesellschaft nähme. Einige Wochen lang legten sie gemeinsam Kärtchen mit Buchstaben aneinander, schließlich, eines Morgens, versuchte *Brońcia* mit großer Mühe, vor dem Vater einen Text aus der Fibel zu buchstabieren, als *Maria* plötzlich die Geduld verlor, ihr das Buch aus der Hand nahm und den Text auf der Stelle flüssig vorlas. Das sich ringsum ausbreitende Schweigen erfüllte sie im ersten Moment mit Stolz, sie las also weiter und betrachtete alles immer noch als ein sehr angenehmes und interessantes Spiel. Dann erschrak sie jedoch plötzlich ... Ein Blick auf die erstaunten Gesichter der Eltern, dann auf das etwas beleidigte Gesicht *Brońcias* – Stottern, Schluchzen – und statt des „Wunderkinds" stand nur noch ein kleines vierjähriges Mädchen vor den Eltern, das bitterlich weinte und mit kläglichem Stimmchen wiederholte: „Entschuldigt! Entschuldigt ... das war nicht absichtlich! Das ist nicht meine Schuld und auch nicht *Brońcias*. Und nur deswegen, weil es so einfach ist."

Im Laufe der Jahre machte die intellektuelle Entwicklung der kleinen *Maria* rasche Fortschritte. Sie war immer öfter in Gedanken versunken und gab sich Träumen hin. Besonders anregend wirkte auf sie der Anblick des Arbeitszimmers ihres Vaters, das stets tadellose Ordnung und Sauberkeit ausstrahlte. Außer den Sesseln im Stil der zwanziger Jahre des 19. Jh. und dem Mahagoni-Rollpult zogen eine Stutzuhr aus Malachit und ein runder sizilianischer Tisch ihre Aufmerksamkeit auf sich. Die Tischplatte stellte ein Schachbrett dar, jedes Feld war aus einem Stück andersfarbigen Marmors gefertigt. Das größte Interesse erweckte jedoch ein Präzisionsbarometer, auf dessen silbernem Zifferblatt goldene Zeiger glänzten. Dieses Barometer stand unter der persönlichen Obhut des Vaters, der es eigenhändig säuberte und einstellte. Daneben stand ein Glasschrank mit mehreren Fächern. Dort lagen Gesteinsproben, kleine Waagen und vor allem ein Elektroskop mit einem Goldblatt. Vom Vater erfuhr die kleine *Maria*, daß all diese geheimnisvollen Gegenstände physikalische Geräte sind. Diese Bezeichnung merkte sie sich gut.

Im Laufe der Zeit verspürte *Maria* immer deutlicher die harte Wirklichkeit, in der das Leben verlief, und die ihren Charakter und die Welt ihrer inneren Erlebnisse veränderte. Sie besuchte zusammen mit ihrer Schwester *Hela* die Schule, das Pensionat von Fräulein *Jadwiga Sikorska*. Von frühester Jugend an wurde sie hier mit der Notwendigkeit vertraut, in offiziellen Situationen anders aufzutreten als in der illegalen, konspirativen Tätigkeit. Das beeinflußte auch ihren Charakter; bildete die Fähigkeit heraus, in schwierigen Situationen richtig zu handeln, kaltes Blut zu bewahren und dem Druck der brutalen Wirklichkeit nicht zu erliegen. Im Pensionat wurde nämlich parallel zum normalen Unterricht heimlich polnische Sprache und Geschichte gelehrt, was von den zaristischen Behörden streng untersagt war. Wie oft geschah es, daß während dieser illegalen Unterrichtsstunden unerwartet eine Kontrolle auftauchte, Inspektoren, die die Gelegenheit nutzten und das Wissen der Schüler in den von den Behörden besonders geschätzten Fächern prüften, Fächer, die in Wirklichkeit nichts mit echtem Wissen und Denken zu tun hatten — die Schüler mußten z. B. die Ahnentafel der Herrschenden herunterleiern, wobei sie nicht nur deren eigene Namen, sondern auch den des Vaters und die ihnen verliehenen Titel aufzählen mußten.

Es war eine harte Schule. Obwohl das Kind die Notwendigkeit eines solchen Verhaltens einsah, fiel es ihm schwer. sich mit jener Doppelzüngigkeit im täglichen Leben abzufinden. *Maria* lehnte sich innerlich gegen die Verstellung und Verlogenheit auf, zu der sie die Vernunft zwang.

Das alles geschah in einer Atmosphäre nicht nur der Sorgen, sondern des echten Unglücks und wahrer Katastrophen, von denen die Familie *Sklodowski* in kurzen Zeitabständen nacheinander betroffen wurde.

Die Krankheit der Mutter machte solche Fortschritte, daß der Vater sie an die Riviera schickte. Sie kehrte von dort in einem wesentlich schlechteren Zustand zurück als vor der Reise.

1873 verlor *Wladyslaw Sklodowski*, der seit Jahren einen ungleichen Kampf gegen den polenfeindlich eingestellten Direktor des Gymnasiums, *Troicki*, führte, seine Stellung als Unterinspektor und mußte die Dienstwohnung in der Nowolipki-Straße räumen. Nacheinander folgten mehrere Umzüge, das Wirtschaftsgeld wurde immer knapper. Um das Maß voll zu machen, verwickelte sich Herr *Sklodowski* in ein fatales finanzielles Unternehmen, in den Bau einer Mühle, der seine sämtlichen Ersparnisse — 30 000 Rubel — verschlang. Die Töchter verblieben ohne Mitgift, was zu jener Zeit von wesentlicher Bedeutung war, und die Familie hatte keine Reserven mehr für die „Stunde der Not".

Um die Lücke in den Einkünften zu füllen, begann das Ehepaar *Sklodowski*, Gymnasiasten in sog. Pension aufzunehmen. In ihrem Haus wohnten anfangs ein paar Jungen, im Laufe der Zeit erhöhte sich diese Zahl sogar auf zehn. Und wieder wurde die Familie von einem unerwarteten Schicksalsschlag getroffen. Einer der Schüler erkrankte an Typhus, nach ihm griff diese damals so gefährliche Krankheit auf zwei Töchter des Ehepaars über, auf *Bronia* und *Zosia*, letztere erlag der Krankheit. Die Mutter mobilisierte all ihre Willenskraft, um sich noch auf den Beinen zu halten, ihre Tage waren jedoch gezählt. Im Mai 1878 starb sie.

Der Schwere dieser Schicksalsschläge versuchte *Maria* zu entfliehen, indem sie in den Büchern nach Linderung suchte. Sie besaß die Gabe einer schnellen und hohen Konzentration. Inmitten großen Lärms, wenn z. B. andere in ihrer Nähe laut lernten, konnte sie sich in ihre Lehrbücher vertiefen. Sie las nahezu besessen und alles, was sie sich aus der Bibliothek ihres Vaters holen konnte: Schulbücher, Gedichte, Abenteuerromane, technische Werke. So schirmte sie sich vor der traurigen Wirklichkeit durch die Barriere der Lektüre ab, und das ermöglichte es ihr, mit all dem Unglück fertig zu werden, das ihre Familie betroffen hatte und das kein Ende zu nehmen schien. In ihrem Herzen jedoch wuchs die Auflehnung. Sie konnte sich mit ihrem Schicksal nicht abfinden — damals verlor sie den Glauben, in dem sie von kleinauf erzogen worden war.

Trotz des Todes der Mutter fiel die Familie nicht auseinander. Die Kinder wurden unter schwierigen materiellen Bedingungen widerstandsfähiger, reifer und erwachsener. Sie übernahmen zahlreiche Pflichten. *Józef* absolvierte das Regierungsgymnasium mit einer Goldmedaille und wurde Medizinstudent. Mit der gleichen Auszeichnung verließ *Bronia* die Schule. Nach Abschluß ihrer Ausbildung führte sie den ganzen Haushalt und die Pension.

Maria besuchte genau wie ihre älteren Geschwister weiter das Gymnasium. Sie befreundete sich damals mit *Kasia Przyborowska*, der Tochter des Direktors der Zamoyski-Bibliothek.

Am 12. Juni 1883 beendete sie die Schule ebenfalls als Trägerin der Goldmedaille. Über ihre Zukunft war noch nichts entschieden. Man wußte, daß ein weiteres Studium für sie in Polen nicht möglich war. Fürs erste trennte sich die sechzehnjährige *Maria* auf Wunsch des Vaters von allem, was sie im Alltag umgeben hatte. Sie mußte sich ausruhen. Ein ganzes Jahr lang weilte sie außerhalb Warszawas auf dem Lande bei Verwandten: zuerst in Zwola, dann in Zawieprzyce. Dort gewann sie in einer Atmosphäre der Untätigkeit und Sorglosigkeit allmählich ihr Gleichgewicht wieder. Diesen Zeitraum spiegelt ein Ausschnitt aus einem Brief an ihre Freundin *Kasia* wider:

Ich kann sagen, daß ich außer einer Französischstunde, die ich einem kleinen Jungen gebe, und der Übersetzung aus dem Englischen nichts tue, buchstäblich nichts, denn sogar die Stickarbeit, mit der ich mich anfangs beschäftigte, habe ich heute fast völlig beiseite gelegt. Ich lese nichts Ernstes, nur Liebesromane ... Ich komme mir auch unglaublich dumm vor, trotz des Reifezeugnisses und trotz der Würde einer Person, die die Schule beendet hat. Nicht selten habe ich Lust, über mich selbst zu lachen, und mit wahrer Genugtuung erwäge ich meinen Mangel an Verstand.

Wir gehen oft im Wald spazieren. Dort versammeln sich ein paar Dutzend Personen, wir spielen Serso und Schlagball, wovon ich keine Ahnung habe, Katz und Maus, Mensch ärgere Dich nicht usw. — lauter Kinderspiele ...

In dieser so sorglosen Zeit nahm *Maria* den Zauber der Natur besonders nah und lebendig in sich auf. Aus dieser Zeit rührte ihre stetige Liebe zur Natur, zu den Pflanzen und Tieren, zum Leben auf dem Lande. Bei ihrem Onkel *Ksawery* in Zawieprzyce bei Lublin lernte sie auch den Reiz des Reitens kennen. Sie ritt auf den Rassepferden aus dem dortigen Reitstall und jagte über die ausgedehnten Wiesen und Weiden am Wieprz.

Sie besuchte in jener Zeit auch Zakopane. Die Berge hinterließen bei ihr einen unauslöschlichen Eindruck. Der Zauber der bizarren Felsen und der kristallklaren Bergseen der Tatra erwies sich als unvergleichlich hinreißender als der eigentümliche Reiz der ruhigen Natur der polnischen Tiefebenen. *Maria* liebte es sehr, mühsame Wanderungen auf schwierigen Gebirgspfaden zu unternehmen.

Dann trat ein erneuter Wechsel der Umgebung und der Atmosphäre ein – Winter bei ihrem Onkel *Skłodowski* in Skalbmierz. Der Bruder des Vaters, *Zdzisław*, war Notar, zugleich jedoch Dichter und ein sehr geistreicher und welterfahrener Mann. Er hatte eine hübsche Frau und drei Töchter im heiratsfähigen Alter. Kein Wunder also, daß es in seinem Haus lebendig und laut zuging – Unterhaltung, Jagd, eine Atmosphäre ewigen Amüsements oder der Vorbereitung auf ein neues Fest. An ihre Schwester *Bronia* schrieb *Maria*:

Ich habe noch einmal am Sonnabend auf dem Kulig (Schlittenfahrt zur Fastnachtszeit – Anm. d. Ü.) die Wonne des Karnevals genossen und denke, daß ich mich nie wieder so amüsieren werde, weil auf einem Frackball nie jene Lust und Fröhlichkeit herrschen kann wie hier.

Wir sind ziemlich früh angekommen. Ich fungierte als Frisöse, denn ich kämmte die Mädchen für den Abend, und zwar sehr gut. Die anderen kamen gegen acht, unterwegs ist so einiges passiert, wir haben die Musikanten verloren und wiedergefunden, eine Kutsche ist umgekippt. Man teilte mir meine Nominierung zur „Braut" mit und stellte mir den „Bräutigam" vor, einen sehr gut aussehenden, schicken Krakauer. Der Kulig gelang einzigartig. Wir tanzten am hellen Tag um acht Uhr Mazurka, und es war so fröhlich wie am Anfang. Sechzehn Paare. Wir haben den herrlichen Oberek mit seinen Figuren getanzt, und Du mußt wissen, daß ich ausgezeichnet Walzer tanzen gelernt habe, ich hatte einige Touren im voraus vergeben. Wenn ich herausging, um mich auszuruhen, warteten sie an der Tür auf mich.

Der Sommer war noch erlebnisreicher. *Maria* verbrachte ihn zusammen mit ihrer Schwester *Hela* auf dem Gut des Grafen *de Fleury*, eines Franzosen, dessen Frau einst eine Schülerin von Frau *Bronisława Skłodowska* gewesen war. In einem Brief an ihre Freundin *Kasia* beschrieb *Maria* ihre Stimmung und ihre Erlebnisse wie folgt:

Jetzt sind wir schon einige Wochen in Kępa, ich müßte Dir unser Leben hier beschreiben, aber ich habe keine Kraft dazu, sondern sage Dir nur, daß es wunderbar ist!
Wir machen alles, was uns einfällt, mal schlafen wir nachts, mal am Tage, wir tanzen und machen überhaupt solche Dummheiten, daß wir es manchmal verdienten, ins Irrenhaus geschickt zu werden.

Die Erinnerung an jene rauschenden Tage und Monate sollte *Maria* ihr Leben lang in ihrem Herzen bewahren. Die Wirklichkeit zwang sie jedoch zur Rückkehr aus jenem Land der Täuschung und Träume. Im September 1884 sehen wir sie erneut in Warszawa. Der Vater wohnte jetzt in der Nowolipki-Straße, nicht weit von dem Gymnasium entfernt, in dem er einst als Unterinspektor tätig gewesen war. Im Haus weilten keine Schüler mehr in Pension. Der Geldbeutel war schmaler, aber es herrschte Ruhe, und die Atmosphäre des häuslichen Herds zog wieder ein. Der Vater war voller Energie und geistiger Frische, trotz der Schläge, die ihm das Schicksal bereitet hatte. Obwohl er hart für den Unterhalt von vier Kindern und für sich selbst arbeitete, bildete er sich noch fleißig weiter. Sein Interesse galt nicht nur der Mathematik und Physik, sondern auch den modernen Sprachen (Französisch, Deutsch und Englisch) und den Sprachen des klassischen Altertums (Griechisch und Latein). Er übersetzte sogar hervorragende Werke fremder Prosa und Poesie in die polnische Sprache. In einer Atmosphäre ständiger Wissensvertiefung und allseitiger Bildung konnte sich der Intellekt *Marias* weiterhin vorteilhaft entwickeln.
Der herannahende Tag der Pensionierung von Herrn *Skłodowski* und die damit verbundene Verringerung des Einkommens zwangen jedoch seine Töchter und seinen Sohn dazu, Geld durch Nachhilfeunterricht zu verdienen. Die siebzehnjährige *Maria* durchmaß also Warszawa kreuz und quer, von einem Ende zum anderen, um verschiedenen Kindern Unterricht zu erteilen. Nicht selten hatte sie mit großen Widrigkeiten zu kämpfen. In jener Zeit knüpfte sie einen lebhaften Kontakt zu den jungen „Positivisten" an, die von *Bronisława Piasecka*, einer Lehrerin in den Zwanzigern, geleitet wurden. In Begleitung von *Bronia* und *Hela* nahm *Maria* an den Vorlesungen der „Fliegenden Universität" teil.
Das war eine illegale Einrichtung, deren Aufgabe darin bestand, die Lücke auszufüllen, die wegen des Fehlens polnischer Hochschulen in der Ausbildung der jungen Generation entstanden war.

Die konspirativ geführten Vorlesungen fanden in Privatwohnungen statt. Thema dieser Vorlesungen waren hauptsächlich Naturwissenschaften und Soziologie.
Jene geheimen Studien übten einen tiefgreifenden Einfluß auf den Intellekt der jungen *Maria* aus. Hier sei besonders auf den Hintergrund und den Charakter der Veränderungen hingewiesen, die sich damals im Bewußtsein der zukünftigen Gelehrten vollzogen und in großem Maße ihre Weltanschauung und ihre Lebenshaltung beeinflußten. Gut charakterisierte *Ignacy Zlotowski*, einer der Schüler *Marias*, die Evolution, die sie damals durchlaufen hat. Er schrieb viele Jahre später in einem Jubiläumsartikel unter dem Titel „Das große Werk Maria Skłodowska-Curies":

Maria Sklodowska wurde in der Atmosphäre des Positivismus erzogen, der nach dem Januaraufstand (1863) unter dem polnischen Bürgertum herrschte. Zusammen mit den kapitalistischen Losungen von der „organischen Arbeit" übertrug der Positivismus den Kult der für die Entwicklung des Kapitalismus notwendigen exakten Wissenschaften auf die damalige junge Generation und lenkte den Geist der polnischen Jugend auf das Interesse für die Naturwissenschaften. Trotz des grundsätzlichen Widerspruchs zwischen dem Positivismus und dem Materialismus als philosophische Richtungen, trotz des krassen Gegensatzes zwischen dem sozialen Charakter dieser beiden Ideologien haben der Empirismus und die Begeisterung für die Naturwissenschaften unter der Allgemeinheit der damaligen polnischen Intelligenz nicht selten eine Brücke zur materialistischen Anschauung der Natur geschlagen. Die sich unter diesen Bedingungen herausbildende Weltanschauung *Maria Sklodowskas* bildete einen besonders fruchtbaren Boden für den im Geist der künftigen Gelehrten keimenden elementaren Materialismus.
Ein gesundes, materialistisches Verhältnis zur Natur wurde für *Maria Sklodowska-Curie* zu einem Wegweiser fürs ganze Leben. Trotz der am Ausgang des vergangenen Jahrhunderts in den mathematischen und Naturwissenschaften herrschenden idealistischen Philosophie distanzierte sich die große Gelehrte fast seit Beginn ihrer wissenschaftlichen Karriere deutlich von sämtlichen Formen eines nutzlosen Agnostizismus und der Metaphysik. Theorie und Experiment waren für *Maria Curie* stets zwei untrennbare Kettenglieder der Forschungsarbeit, wobei sie jedem dieser Glieder in dem durch nichts beschränkten Erkenntnisprozeß der Natur eine bedeutende schöpferische Funktion zuschrieb. Sie zweifelte nicht einen Augenblick lang am objektiven Charakter der beobachteten Erscheinungen in der Natur und sah die Zukunft der Wissenschaft vor allem darin, daß der Mensch immer mächtigere Maschinen entwickelt, um sich die Kräfte der Natur unterzuordnen und sie zum Wohl der gesamten Menschheit zu nutzen ...

Noch nach einigen Jahrzehnten erinnerte sich *Maria* gut an jenen Zeitraum, als sie sich an der „Fliegenden Universität“ Wissen aneignete, obwohl sie ihn auch kritisch zu beurteilen vermochte:

Jene Versammlungen sind mir lebhaft in Erinnerung geblieben. Ich erinnere mich an die angenehme, kollegiale Atmosphäre und an die intellektuelle Zusammenarbeit. Unsere Mittel waren zwar sehr bescheiden, und die Arbeitsergebnisse konnten auch nicht bedeutend sein, dennoch bin ich bis heute der Ansicht, daß die Ideen, von denen wir uns damals leiten ließen, die einzige Grundlage waren, auf der man einen wesentlichen sozialen Fortschritt aufbauen kann. Man kann nämlich nicht hoffen, die Welt zum Besseren zu wenden, wenn sich der Einzelne nicht zum Besseren wendet. Dazu sollte jeder von uns an der eigenen Vervollkommnung arbeiten und sich zugleich dessen bewußt werden, daß er die persönliche Verantwortung für alles trägt, was in der Welt geschieht, und daß es die direkte Pflicht eines jeden ist, sich dort nützlich zu machen, wo er sich am nützlichsten machen kann.

Der Atmosphäre der „Fliegenden Universität“ verdankte *Maria* ihre rationalistische Haltung gegenüber der Natur und der Welt und ihre sozialistische Überzeugung. Ihr ganzes Leben lang ließ sie sich vom gesellschaftlichen Interesse leiten und blieb eine glühende Patriotin.
Besessen von der Arbeit und dem Studium las sie viel. Das waren keine Liebesromane mehr, sondern ernste Werke von *Dostojewski, Prus, Blanc* und *Renan.* Daneben beschäftigte sie sich mit der Dichtung *Slowackis, Coppés, Mussets* und *Heines.* Dennoch befriedigten weder die Begegnungen mit den jungen „Positivisten“ noch die Vorlesungen an der „Fliegenden Universität“, weder die Lektüre noch Reflexionen voll und ganz die Ambitionen und Bedürfnisse *Marias.* Sie begann, sich auf ein Studium vorzubereiten. Da man in Polen keine Frauen zum Studium zuließ, begann sie, an die Sorbonne zu denken.
Gleichzeitig befahl ihr sozialer und familiärer Instinkt, sich zuerst um die Probleme der anderen zu kümmern, vor allem der Nächsten. *Maria* fühlte sich verantwortlich für das Leben des Vaters und *Bronias*, für die sie eine besonders tiefe Zuneigung hegte. Sie begann sich um die Zukunft der älteren Schwester zu sorgen, denn sie sah deren Niedergeschlagenheit, die ihre Ursache in der scheinbar ausweglosen Lage hatte. *Bronia* führte den Haushalt, war eine ausgezeichnete Hausfrau, träumte jedoch von einer ganz anderen Karriere. Sie wollte in Paris Medizin studieren und dann

nach Abschluß der Hochschule sich in Polen auf dem Lande niederlassen, um nicht nur den Kranken zu helfen, sondern auch um gesellschaftliche Arbeit auf dem Gebiet der Bildung und Kultur unter dem Volk zu leisten. Die vorhandenen Ersparnisse waren bei den geltenden hohen Studiengebühren entschieden zu gering und würden höchstens für das erste Studienjahr reichen.

Maria faßte einen Beschluß. Sie schlug der Schwester vor, nach Paris zu fahren. Allmählich wollte sie dann die fehlenden Summen nachschicken, die sie selbst zu verdienen beabsichtigte. Mit den Nachhilfestunden für einen halben Rubel, die sie erteilte, konnte sie diese Bedürfnisse nicht befriedigen. Sie entschloß sich also, eine Stelle als Hauslehrerin anzunehmen. Nach Beendigung des Medizinstudiums sollte *Bronia* hingegen *Maria* die Fahrt nach Paris und die Aufnahme des ersehnten Studiums an der Sorbonne ermöglichen.

Dieser Plan wurde verwirklicht, obwohl er von der zukünftigen Nobelpreisträgerin Opfer verlangte und sie einer Menge unerwarteter Demütigungen aussetzte. An ihre Cousine *Hela* schrieb *Maria*:

Fast die ganze Zeit über, seit wir uns voneinander getrennt haben, habe ich das Leben einer Gefangenen geführt. Ich hatte eine Anstellung in Warszawa, im Haus des Rechtsanwaltes *B.* Es ist mir dort so verteufelt übel ergangen, wie ich es meinem ärgsten Feind nicht wünsche ...

Es ist eines jener reichen Häuser, in denen in Gesellschaft nur französisch gesprochen wird (notabene ein arg verfälschtes Französisch), die Rechnungen nach einem halben Jahr noch nicht bezahlt sind, obwohl das Geld zum Fenster herausgeworfen wird, man an Petroleum für die Lampen spart, aber fünf Dienstleute hat, man sich liberal gibt, in Wirklichkeit jedoch finstere Rückständigkeit herrscht. Schließlich wird über jeden hergezogen (natürlich so süß wie möglich), und zwar so, daß kein trockener Faden mehr an ihm übrigbleibt. Ich habe daraus stets Nutzen gezogen, und das hat dazu beigetragen, daß ich die Menschen immer besser kennenlernte, ich erfuhr, daß die Romantypen wirklich existieren und daß man nicht in den Kreis der durch den Reichtum demoralisierten Menschen eindringen soll.

Hervorragend wird *Maria* in jener Zeit von ihrer Tochter *Eve* charakterisiert, die in der Monographie, die ihrer großen Mutter gewidmet ist, schreibt:

Im Milieu durchschnittlich begabter Menschen ragen ihre erstaunliche Persönlichkeit und ihr Geist sofort heraus und grenzen sich scharf von den anderen ab. In ihrem Familienkreis erscheinen jene Werte jedoch noch nicht als etwas so Außergewöhnliches ... Am Ende ist noch niemandem in der Familie in den Sinn gekommen, daß sie jene einen Kopf hoch überragt und aus „ganz anderem Holz geschnitzt ist“. Sie selbst ahnt es auch noch nicht.

Wenn sie sich mit den Ihren vergleicht, grenzt ihre Bescheidenheit an Demütigung. Aber hier, im Milieu einer bürgerlichen Durchschnittsfamilie wird ihre Überlegenheit so deutlich, daß sie selbst nicht umhin kann, diese Tatsache zu bemerken. Sie sieht das und stellt es nicht ohne Stolz fest. Da sie Reichtum und eine sog. gute Herkunft für nichtig hält, beneidet sie niemanden, rühmt sich jedoch ihrer Familie und der Erziehung, die sie erhalten hat. In der Art, wie sie von ihren „Herrschaften“ spricht, klingt manchmal ein Ton deutlicher Verachtung an.

Maria ist auch rasch zu der Einsicht gelangt, daß es ihr in Warszawa, wo sie den für sie so wertvollen Kontakt mit der Familie und den Freunden von der „Fliegenden Universität“ hatte, nicht gelingen würde, genügend finanzielle Mittel zusammenzubringen, die *Bronia* in Paris benötigte.

Am 1. Januar 1886 verließ sie also Warszawa und nahm eine Stelle als Hauslehrerin bei der Familie *Żurawski* an, in einem der Güter der Fürsten *Czartoryski*, in Szczarki bei Przasnysz, das von der großen Stadt, in der sie bisher gelebt hatte, drei Bahn- und vier Pferdestunden entfernt lag.

Die Arbeitsbedingungen waren nicht schlecht, das Ehepaar *Żurawski* war sehr gut zu *Maria*. Trotzdem fühlte sich die junge wissensdurstige Lehrerin hier einsam. Obwohl verschiedene Gäste zu ihren Brotgebern kamen, fand sie unter ihnen keine passenden Gesprächspartner. Sie wohnte jetzt in der tiefen Provinz. Die Leute hier verfügten über einen äußerst beschränkten geistigen Horizont, und das Hauptthema der Gespräche war Klatsch. Unter der ganzen Gesellschaft stachen nur die Hausherren selbst durch außergewöhnliche Intelligenz hervor.

Die eher zufälligen Kontakte mit den ihr unterwegs begegnenden Dorfkindern veranlaßten *Maria* dazu, illegalen Unterricht zu erteilen. Der Unterricht fand in ihrem Zimmer statt. Sie kaufte den Kindern Bleistifte, Federn und Hefte, die sie von ihrem eigenen Geld bezahlte. Gleichzeitig bildete sie sich selbst hartnäckig weiter, trotz der Ermüdung durch die provinzielle Atmosphäre, aber auch, um jene Atmosphäre zu überwinden. Viele Jahre später schrieb sie darüber:

Die Literatur interessierte mich nicht weniger als die Soziologie und die exakten Wissenschaften. Dennoch habe ich mich im Verlauf jener wenigen Arbeitsjahre ... endgültig der Mathematik und der Physik zugewandt.
Meine einsamen Studien waren mit Schwierigkeiten gespickt. Die Ausbildung, die ich am Gymnasium erhalten hatte, war sehr unzulänglich und lag wesentlich unter dem Niveau des Abiturs in Frankreich. Ich versuchte, meine Ausbildung mit Hilfe zufällig zusammengetragener Bücher auf eigene Faust zu vervollständigen. Das war nicht sehr effektiv, dennoch habe ich damals in der selbständigen Arbeit Erfahrungen gesammelt und dies und jenes gelernt, was ich später gut gebrauchen konnte.

Wahrscheinlich hat dieser für die künftige Wissenschaftlerin hauptsächlich psychisch so schwierige Zeitraum entscheidend dazu beigetragen, daß sie ihren späteren Erfolg erringen konnte, als sie in dem provisorischen, in einem verlassenen Schuppen der Städtischen Schule für Physik und Industrielle Chemie in der Rue Lhomond in Paris eingerichteten Laboratorium mit der gleichen Hartnäckigkeit versuchte, aus dem Uransalz das geheimnisvolle, bisher unbekannte radioaktive Element herauszulösen.
In Szczarki erlebte *Maria* auch ihre erste Liebe. Sie kam unerwartet und sogar gegen ihren Willen. Von Zeit zu Zeit kam der Sohn des Ehepaars *Żurawski, Kazimierz,* zu Besuch zu seinen Eltern. Er studierte an der Warschauer Universität. Die hübsche, zierliche, intelligente, sportliche und wunderbar tanzende Lehrerin der Schwester zog seine Aufmerksamkeit auf sich. Die jungen Leute verliebten sich ineinander. Leider war *Maria* trotz ihrer zahlreichen Vorzüge den Anschauungen der *Żurawskis* gemäß keine Partie für ihren Sohn. *Kazimierz* hingegen versuchte nicht, die wachsenden Schwierigkeiten zu bekämpfen.
Der beste Ausweg aus dieser schließlich sehr unangenehmen Situation wäre es gewesen, abzufahren. Die Notwendigkeit, *Bronia* zu unterstützen — *Maria* schickte ihr 15 bis 16 Rubel monatlich nach Paris — stand jedoch einer radikalen Lösung der Schwierigkeiten im Wege. Die Brotgeber *Marias,* die bisher der Lehrerin herzlich zugetan waren, umgaben sie jetzt mit einer wahren Mauer der Gleichgültigkeit; sie versuchten auf diese Weise, der Annäherung der jungen Leute entgegenzuwirken. *Maria* litt und erfüllte ihre bisherigen Pflichten gewissenhaft.
Zum Glück für sie übernahm der Vater nach seiner Pensionierung

die gut bezahlte, wenn auch sehr unangenehme Stellung des Direktors der Besserungsanstalt in Studzieniec. Das ermöglichte es, die Tochter völlig der Verpflichtung zu entledigen, ihre Schwester in Paris zu unterstützen. Die künftige Entdeckerin des Radiums konnte also das Haus ihrer Brotgeber verlassen. Sie übernahm damals eine neue, vorteilhafte Stellung. Es war noch kein Jahr vergangen, als sie im März 1890 von der Schwester aus Paris folgenden Brief erhielt:

Auch für Dich, meine kleine *Mania,* wird es allmählich Zeit, daß Du aus Deinem Leben etwas machst! Wenn Du im laufenden Jahre ein paar hundert Rubel zusammenbringst, könntest Du schon zum Herbst hierherkommen und bei uns wohnen und essen. Die paar hundert Rubel brauchst du unbedingt für die Studiengebühren an der Sorbonne.

Leider hatte *Maria* dem Vater schon früher versprochen, mit ihm zusammenzuwohnen und den übrigen Geschwistern, *Hela* und *Józef*, zu helfen. Sie schrieb also an *Bronia*:

Ich habe von Paris wie von einer Erlösung geträumt, aber ich hatte schon sämtliche Hoffnung aufgegeben, und jetzt, da sich mir die Möglichkeit bietet, weiß ich selbst nicht, was ich tun soll. Ich fürchte mich, dem Vater davon zu erzählen, es scheint mir, daß ihm der Plan, gemeinsam zu wohnen, sehr am Herzen liegt; ich möchte ihm im Alter etwas Glück geben, aber auf der anderen Seite blutet mir das Herz wegen meiner vergeudeten Fähigkeiten, die schließlich etwas wert wären.

Bronias eindringliche Bitten mußten also, zumindest vorübergehend, ohne Echo bleiben. Schließlich wurde beschlossen, daß die künftige Studentin der Sorbonne noch ein Jahr in Warszawa bleiben und das nötige Geld für das Studium in Frankreich zurücklegen soll.

Der Aufenthalt in der Heimatstadt brachte *Maria* unerwartet große Vorteile. Vor ihr öffneten sich die Türen eines echten Laboratoriums. Es war die Arbeitsstätte von *Marias* Cousin *Józef Jerzy Boguski*, des späteren Professors an der Warschauer Technischen Hochschule. Diese Arbeitsstätte befand sich im Museum für Industrie und Landwirtschaft in der Krakowskie-Przedmieście-Straße 66. Die junge wissensdurstige *Maria* konnte dort gewöhnlich nur abends oder sonntags weilen. Unerfahren wie sie war, machte sie nicht selten Fehler oder verursachte sogar Schäden. Dennoch wuchs ihre Liebe zur Forschungsarbeit. Damals ist sie sich bewußt ge-

worden, daß Errungenschaften Mühe kosten und die Überwindung vieler Hindernisse erforderlich machen.
Während *Maria* im September 1891 zur Erholung in Zakopane weilt, erlebt sie noch einmal einen dramatischen Augenblick: sie trifft *Kazimierz.* Während des endgültigen Gesprächs kommt es diesmal zu einer vollständigen Auflösung der Verbindungen, die entgegen dem Anschein bisher vorhanden gewesen waren. Erst jetzt begreift *Maria*, daß sie frei ist und hat nur noch einen Wunsch, schnell nach Paris zu gelangen. Als vierundzwanzigjährige Frau verläßt sie Polen, ungeduldig von ihrer verheirateten Schwester in Paris erwartet.

2. DAS GROSSE PARIS

In Paris wohnte *Maria* bei der Familie *Dluski.* Diesen Namen trug jetzt ihre Schwester, die einen ihrer Studienkollegen, *Kazimierz Dluski*, geheiratet hatte. Als *Maria* nach Paris kam, waren beide schon Ärzte. Ihre Praxis befand sich jedoch in einem nicht sehr eleganten Viertel, und sie behandelten nicht gerade reiche Patienten. Sie wohnten in der Rue d'Allemagne, die heute den Namen Boulevard Jean Jaurès trägt.

Die *Dluskis* waren keine Sozialisten, aber ihre Patienten waren Arbeiter, die zumeist in den nahegelegenen städtischen Schlachthöfen arbeiteten. *Kazimierz* behandelte die Männer, und *Bronislawa* betreute als Gynäkologe und Geburtshelfer deren Frauen. Daher wird man leicht begreifen, daß der Verdienst der beiden nicht sehr hoch sein konnte und sie den ganzen Tag über schwer arbeiten mußten.

Dluski hatte zwar begüterte polnische Verwandte in Podolien, aber die Verbindungen zu seiner Verwandtschaft waren erheblich erschwert, weil *Kazimierz* aus Polen geflüchtet war, als man ihn der Teilnahme am Attentat auf den Zaren *Alexander II.* verdächtigt hatte. Da seine Verwandten polizeilich überwacht wurden, war es sehr schwierig, Geld nach Paris zu überweisen, die Berichte jedoch, die die zaristische Polizei *Dluski* hinterhergeschickt hatte, untergruben seinen Ruf auch bei den französischen Behörden.

Die Hauptstadt Frankreichs machte auf *Maria* einen berauschenden Eindruck. Das in der Weltmetropole rasch pulsierende Leben weckte ihre Energie und begünstigte die Entfaltung eines schnellen Arbeitstempos. Es berührte sie auch nicht sonderlich, daß die Gebäude der Sorbonne gerade umgebaut wurden. Man schrieb das Jahr 1891, und die Rekonstruktion dauerte bereits sechs Jahre. Die Seminare an der Hochschule verliefen also in der Atmosphäre eines gewissen Provisoriums. Die Arbeitsstätten befanden sich vorübergehend in verschiedenen Häusern in der Rue Saint-Jacques. Die Vorlesungen fanden mal in dem, mal in jenem Saal statt.

An der Mathematisch-Naturwissenschaftlichen Fakultät, an der sich *Maria* immatrikulieren ließ, begannen die Vorlesungen am 3. November. Es wurde ihr ein Platz in der Arbeitsstätte für Physik zugeteilt, und sie stürzte sich sofort in die Arbeit. Sie ließ nicht eine Stunde von den Fächern aus, die sie hauptsächlich interessierten — Mathematik und Physik. Ihr Wissensdurst war so groß, daß sie am liebsten die Vorlesungen aller 23 Professoren besucht hätte, die an der Fakultät tätig waren.

Die Atmosphäre, in der die Vorlesungen gehalten wurden, war damals äußerst feierlich. Alle Professoren erschienen im obligatorischen Frack und maßen auch der Form ihrer Vorträge großes Gewicht bei. Das war kein trockenes und monotones Vortragen von Texten, die einfach eine Widerspiegelung der in den Schriften enthaltenen Informationen darstellten. Die Professoren waren jeder für sich eine Individualität, und die Namen einer Reihe von ihnen sind bis heute weltbekannt. Zu diesem Kreis gehörten z. B. der berühmte Mathematiker und gebürtige Elsässer *Paul Appell* sowie der in Luxemburg geborene *Gabriel Lippmann*, der u. a. die Farbphotographie erfunden hat und 1908 den Nobelpreis erhielt.

Anfänglich hatte *Maria* Schwierigkeiten, den Vortragenden zu verstehen, besonders, wenn jener schnell sprach. Das war für sie sogar eine gewisse Überraschung, denn noch in Polen hatte sie fleißig französisch gelernt, und es schien ihr, daß sie es nicht schlecht beherrschte. Außerdem sah sie auch schnell ein, daß das Niveau ihrer Kenntnisse in Mathematik und Physik unzureichend war. Obwohl sie am Warschauer Gymnasium gut und gründlich gelernt und ihr Schulwissen außerdem noch durch zusätzliche Lektüre und die Arbeit im Laboratorium des Museums für Industrie und Landwirtschaft ergänzt hatte, reichte ihr Wissen an das der französischen Abiturienten nicht heran.

Diese Schwierigkeiten verlangten *Maria* besonders große Anstrengungen ab. Sie war aber deswegen nicht etwa unglücklich, denn sie war wissensdurstig, und die materiellen Verhältnisse erforderten es, daß sie die bescheidenen Mittel, die ihr zur Verfügung standen, so effektiv wie möglich nutzte. In jener Zeit hatte sie weder für Freunde noch für Freundinnen Interesse, und die traurigen Erlebnisse in Polen hatten sie für den Reiz der Jugend und der jugendlichen Zerstreuungen so gut wie unempfindlich gemacht. Wenn sie ihre Aufmerksamkeit auf Männer richtete, dann auf ältere, würdige Professoren, die für sie nur Kaplane des Wissens waren.

Der Tag *Marias* war eng mit der Hochschule verbunden. Morgens fuhr sie mit einem Doppelstockbus, der von drei Pferden gezogen wurde, bis zum Gare de l'Est. Dort stieg sie in einen anderen Bus um, der den Boulevard Strassbourg, dann den Boulevard Sebastopol entlangfuhr, dann die Seine überquerte und durch die Cité über den Boulevard Saint Michel in das Quartier latin fuhr. Nach einem mit Studien ausgefüllten Tag kehrte sie erst abends von der Sorbonne zurück.

Zu Hause erwartete *Maria* dagegen eine ganz andere Stimmung. Obwohl die *Dluskis* den ganzen Tag über schwer arbeiteten, verzichteten sie keinesfalls auf Unterhaltung. *Kazimierz*, fröhlich, geistreich, voller Schwung und Phantasie, tat sich bei der Organisation von Zerstreuungen hervor. Manchmal war es *Maria* dadurch unmöglich, sich nach Belieben in die Lektüre zu vertiefen, an der sie die Nacht über saß.

Die Atmosphäre jener Abende gibt *Eve Curie* auf den Seiten ihres Buches treffend wieder:

Eines Abends sitzt *Maria* bereits in ihrem kleinen Zimmerchen, denn sie will einen guten Teil der Nacht ihrer Arbeit widmen, da stürzt plötzlich ihr Schwager herein: „Nimm rasch Mantel und Hut! Ich habe Freikarten für ein Konzert bekommen!“ „Aber...“ „Kein Aber! Es handelt sich um den polnischen Pianisten, von dem ich dir erzählt habe! Da sehr wenig Karten verkauft worden sind, müssen wir dem armen Kerl den Saal wattieren. Ich habe schon alle Bekannten aufgeboten. Wir werden wie die Wahnsinnigen Beifall klatschen. ... Um so mehr, als er wirklich hervorragend spielt.“
Es war schier unmöglich, sich dem Drängen *Dluskis* zu widersetzen. Er war wie ein Wirbelwind — mit seinen wehenden schwarzen Haaren und wie ein Feuer — mit seinen flammenden Augen. *Mania* klappt ihr Buch zu. Die Tür fällt ins Schloß, und alle drei eilen rasch die Treppen hinunter und jagen die Straße entlang, um den Bus zu schaffen, der gerade angefahren kommt.

Der Epilog der beschriebenen Szene spielte sich im Salle Erard ab. Auf dem Podium am Flügel saß ein junger, sehr schlanker Mann, dessen interessantes Gesicht von einer üppigen, flammend roten Mähne umwallt war. Er spielte ausgezeichnet. *Eve Curie* schrieb:

Unter seinen schlanken Fingern gewinnen *Liszt, Schumann* und *Chopin* Leben. Seine edlen Züge bekommen etwas Herrisches, sein Blick etwas Visionenhaftes, in die Zukunft Gerichtetes. In seinem abgewetzten Frack vor fast leeren Bänken sieht er trotzdem nicht wie ein unbekannter Anfänger, sondern wie ein großer Herr aus.

Das war nicht verwunderlich, der beschriebene Pianist war der später weltberühmte *Ignacy Paderewski*. Er wurde auch als Gast bei der Familie *Dluski* empfangen. Er kam dort in Begleitung

Fräulein *Górskas*, einer Dame, die sich durch große Schönheit auszeichnete, und die später seine Frau wurde. Die beiden Schwestern *Bronislawa* und *Maria* kannten sie schon von früher her, als sie noch in Warszawa lebten. Sie konnten sich ausgezeichnet daran erinnern, daß Fräulein *Górska* als sechzehnjähriges Mädchen ihre Mutter auf der Fahrt in einen Kurort begleitete und daß Frau *Sklodowska* scherzhaft drohte, sie nähme sie nie mehr mit, da jenes junge Mädchen allzu hübsch sei.
Inmitten ihrer Arbeit vergaß *Maria* ihre Heimat nicht. Der Kreis ihrer polnischen Bekannten mußte ihr das ferne Vaterland ersetzen. Dazu gehörten zwei Kommilitoninnen von der Universität, *Dydyńska* und *Kraskowska*, der zukünftige Mann ihrer Schwester *Helena, Stanislaw Szalay,* der Biologe *Danysz* und Dr. *Motz.*
Manchmal nahm *Maria* auch an patriotischen Versammlungen eines breiteren Kreises der in Frankreich studierenden Polen teil. Trotz chronischen Zeitmangels nahm sie einmal sogar an einer Vorstellung teil. Als „Polen, das die Fesseln sprengt", trat sie in den einst sehr in Mode gewesenen sog. lebenden Bildern auf. Das war übrigens ihre einzige öffentliche Rolle, besonders, da sie ihr Vater vor weiteren Manifestationen dieser Art entschieden abhielt, als er von ihrem Auftritt erfahren hatte:

Ich bedaure es sehr, daß Du so aktiv an dieser Vorstellung teilgenommen hast. Obwohl das an und für sich eine ganz unschuldige Sache ist, wird jedoch die Aufmerksamkeit auf die Organisatoren gelenkt, und Du weißt bestimmt, daß es in Paris Leute gibt, die Euer Verhalten sorgfältig kontrollieren und über Euch Berichte an die Warschauer Behörden senden ...
Das kann zur Ursache großer Sorgen werden und in der Zukunft den nicht gut angeschriebenen Personen sogar den Zutritt zu einigen Berufen verschließen. Daher sollten alle, die später einmal in Warszawa ihr Geld verdienen wollen, sich möglichst zurückhaltend bewegen ...

Man schrieb die ersten Monate des Jahres 1892. *Maria* kam zu der endgültigen Überzeugung, daß ihre bisherige Lebensweise außerhalb der Universität, vor allem zu Hause, einer völligen Konzentration auf das Studium durchaus nicht förderlich sei. *Marias* Tochter *Eve* stellte die Situation folgendermaßen dar:

Bei den *Dluskis* lebt es sich nett und angenehm, aber *Maria* findet nicht die nötige Ruhe und Sammlung zum Arbeiten. Sie kann ihrem Schwager ja nicht verbieten, Klavier zu spielen, seine Freunde zu empfangen oder in ihr Zimmer zu kommen, wenn sie gerade eine schwierige Gleichung zu lösen hat, sie kann den Patienten ihrer Schwester und ihres Schwagers nicht gebieten, sich ruhig zu bewegen und sie nachts nicht durch anhaltendes Klingeln zu wecken, das die junge Ärztin zu einer Geburt ruft. Vor allem ist es furchtbar unbequem, in der Vorstadt zu wohnen — eine Stunde Fahrt bis zur Sorbonne! Das Fahrgeld für zwei Busse wird auf die Dauer zu kostspielig.

Maria verzichtete also auf die kostenlose Wohnung bei ihrer Schwester; sie beschloß, auszuziehen und ihren Unterhalt aus ihren äußerst bescheidenen Geldmitteln zu bestreiten.

Die künftige Wissenschaftlerin siedelte sich diesmal in der Nähe der Universität, im Quartier latin, an. Sie wohnte nacheinander in Mansardenstübchen im fünften oder sechsten Stock im Boulevard Port-Royal und in der Rue des Feuillantines, wobei sie von Zeit zu Zeit das Zimmer wechselte. All diese engen und dunklen Zimmerchen hatten nur einen Vorzug — sie waren billig. Im Sommer war es dort jedoch unerträglich heiß, im Winter bildete sich auf der Schüssel mit Wasser Eis. *Maria* verfügte zwar über ein eigenes tragbares Eisenöfchen mit einem langen dicken Rohr, durch das der Rauch abgeleitet wurde, für den Brennstoff langte das Geld jedoch nicht; die Heizung war also ein Problem. Wenn man studieren wollte, konnte man jedoch die Bibliothèque de la Sainte Geneviève benutzen, die beheizt und mit Gaslampen beleuchtet war und sogar bis zehn Uhr abends offen stand. Das aber genügte *Maria* nicht, die beim Licht ihrer eigenen Petroleumlampe bis zwei oder drei Uhr nachts in ihrem Stübchen über den Büchern saß.

Auch mit der Verpflegung stand es schlecht. *Maria* aß buchstäblich fast gar nichts. Sie ernährte sich von dünn geschmierten Broten und Tee, manchmal gestattete sie sich den Luxus, ein Ei, ein Stückchen Schokolade, ein wenig Obst oder Radieschen zu kaufen. Von einem Mittagessen konnte keine Rede sein. Selbst konnte sie nicht und wollte sie nicht kochen. Die Zeit war ihr dafür zu kostbar, und sie lehnte auch Ausgaben beim Fleischer ab.

Sie sparte sich alles vom Munde ab, und eine Art merkwürdigen Ehrgeizes gestattete es ihr nicht, sich an die Schwester um Unterstützung zu wenden — an dieselbe Schwester, der sie aus dem fernen Polen einige Jahre hindurch die unentbehrliche Hilfe zukommen ließ. So mußten *Maria* also 3 Francs täglich für alles genügen — für Zimmermiete, Brennstoff, Verpflegung, Kleidung,

Wäsche, Bücher, Hefte und das wichtigste, die Studien an der Universität.
Ihre Kommilitoninnen, denen es auch nicht besser ging, meisterten die Lage durch gemeinsames Wirtschaften. Sie wohnten zu mehreren in einem Zimmer, verwandten etwas Zeit für Einkäufe und selbständiges Mittagkochen. So hatte es einst *Marias* Schwester *Bronislawa* gehalten.
Maria jedoch konnte und wollte sich nicht dazu entschließen. Sie wollte frei und unabhängig sein. Sie wollte keine Zeit für Arbeiten im Haushalt verlieren — sie hielt solche für unwichtig und zeitraubend. Die kostbare Zeit konnte man schließlich mit großem Nutzen für das Studium gebrauchen.
Die für den jungen Organismus ruinierenden Bedingungen beeinträchtigten das physische Befinden. *Maria* wurde schwindlig und ohnmächtig; sie war sich nicht einmal dessen bewußt, daß der Grund für diese Beschwerden Hunger und Übermüdung waren.
Lange Zeit hindurch wußte niemand etwas von ihrem schlechten Gesundheitszustand — selbst die eigene Schwester kam nicht darauf, daß die Lage so schlecht aussah, um so mehr, als *Bronislawa Dluska* in jener Zeit mit ihrem Kind beschäftigt war, das sie gerade erst geboren hatte. Erst als *Maria* in Gegenwart einer ihrer Kommilitoninnen in Ohnmacht fiel, teilte diese dem Schwager und der Schwester den Vorfall mit. *Kazimierz* setzte im Zimmer der spartanisch lebenden Schwägerin einen „Lokaltermin" an und führte mit ihr ein Gespräch, das den wahren Tatbestand ans Licht brachte. *Maria* mußte eine Woche bei den *Dluskis* verbringen. Dort wurde sie aufgefüttert und gezwungen, sich zeitiger zur Ruhe zu begeben.
Da sie schnell wieder zu sich kam, kehrte sie in ihr Mansardenstübchen zurück und versprach feierlich, ihre Lebensweise zu ändern. Leider rückte die Prüfungszeit näher, und das Versprechen geriet rasch in Vergessenheit.
Maria studierte verbissen Mathematik und Physik, gleichzeitig jedoch auch Chemie, wobei sie nicht mal im Traum daran dachte, wie sehr ihr diese Studien zustatten kommen würden, als sie sich später daran machte, die große Arbeit ihres Lebens zu verwirklichen. Da *Maria* gewissenhaft und genau arbeitete, lernte sie die Geheimnisse der Arbeit im Laboratorium rasch kennen. Aufgrund ihrer Fähigkeiten und ihres Fleißes wurde sie auch von Professor

Lippmann selbst ausgezeichnet, der ihr die Durchführung der ersten selbständigen Forschungen anvertraute. Diese betrafen noch keine fundamentalen Probleme, ermöglichten es *Maria* jedoch, sich in die Forschungsarbeit und die schöpferische Arbeit hineinzufinden, weckten ihre Leidenschaft an Experimenten und bildeten ihren Geist. Mit unendlicher Geduld führte *Maria* im Laboratorium lange Stunden dauernde Versuche durch, wobei sie genauso sorgsam einfache und undankbare Handgriffe wie auch präzise Manipulationen ausführte.

Leidenschaftlich liebt sie schon jetzt die Atmosphäre der Sammlung, des Schweigens und des besonderen Arbeitseifers, die Atmosphäre der Laboratorien, die ihr bis zu ihrem letzten Erdentag teurer als alles gewesen ist. Sie ist bereit, tagelang an einem Apparat zu stehen, den Verlauf eines Versuchs zu verfolgen oder am Gasabzug auf den Tiegel mit einem schmelzenden Stoff zu achten, der langsam viele Stunden gekocht werden muß und den sie pausenlos geduldig umrührt. In ihrem langen, groben Leinenkittel unterscheidet sie sich kaum von den jungen Männern, die sich neben ihr mit aufmerksamer Miene über eine andere Retorte oder einen anderen Apparat beugen. Wie sie achtet *Maria* die andächtige Stille, die hier notwendig ist — auch sie vermeidet jeden Lärm, jedes unnötige Wort.

So schreibt ihre Tochter *Eve* über *Maria.* In jener Zeit verlor *Maria* allmählich ihre übermäßige Schüchternheit oder eher Zurückhaltung gegenüber fremden Menschen, die jedoch durch die Gemeinsamkeit der Interessen und Bestrebungen mit ihr verbunden waren. Schritt für Schritt akklimatisierte sie sich im studentischen Milieu.

Das wird durch die allgemeine Sympathie begünstigt, der sich die polnischen Studentinnen an der Sorbonne erfreuen, durch die Achtung, die ihr aufrichtiger Wissensdrang, ihre Fähigkeiten und ihr Mut bei der Überwindung schwieriger materieller Bedingungen unter den jungen Franzosen hervorruft,

schrieb *Eve Curie* in ihrem Buch. Es war kennzeichnend für die in ihrer Lebensweise sehr bescheidene *Maria*, daß sie gern in Gesellschaft von Männern weilte, jedoch von solchen, die sich nicht für sie als Frau interessierten, sondern mit denen sie ernsthafte Diskussionen zu wissenschaftlichen Themen führen konnte. Dies waren der Mathematiker *Paul Painlevé*, der später auch als französischer Politiker bekannt wurde, der Physiker *Jean Perrin* (künftiger Nobelpreisträger) und der Geophysiker *Charles Maurain.* Es bildeten sich sogar platonische Freundschaften heraus, denn, stellt *Eve Curie* fest,

> ihre Liebe gehört nur der Mathematik, der Physik, der Chemie ... Systematisch und geduldig strebt sie nach ihren Zielen und erreicht eins nach dem anderen. Das ist ein großer Triumph ihres Geistes und ihrer Willenskraft, ihrer eisernen Hartnäckigkeit und der Konsequenz in andauernden, fast übermenschlichen Anstrengungen, sowie des absoluten, fast an Manie grenzenden Bedürfnisses, alles, was sie tut, so gut wie möglich zu tun.

Charakteristisch für *Maria* war es, daß sie in allem nach Perfektion strebte. So beschloß sie zum Beispiel, die französische Sprache aufs vollkommenste zu erlernen. Sie lernte also hartnäckig Vokabeln, Orthographie, Satzbau und Akzent, und zwar solange, bis sie sich sämtliches ihr zu diesem Thema zugängliches Wissen angeeignet hatte. „Nur ihr ‚r' bleibt", wie ihre Tochter *Eve* später schreibt, „für immer nicht ganz französisch, obwohl es ungewöhnlich schön klingt und mit ihrer sanften, ein wenig dunklen Stimme harmoniert."

Nach Abschluß des zweiten Studienjahres, kaum zwanzig Monate nach Beginn des Studiums, hat *Maria* die Abschlußprüfung bestanden. Trotz riesiger Aufregung und Lampenfiebers legte sie die beste Lizentiatenprüfung in Physik ab. Unerhört glücklich, schämte sie sich ihrer inneren Rührung, die sie um nichts auf der Welt ihren Kommilitonen und Kommilitoninnen verraten wollte. So ging sie gleich nach Verkündigung der lobenswerten Prüfungsergebnisse unbemerkt hinaus.

Ihr sämtliches Geld, das sie besaß, und das war nicht viel, gab sie für Geschenke für die nächsten Angehörigen in Polen aus und fuhr nach Warszawa. Die Freude über die Begegnung war groß. Das Aussehen *Marias*, ihre Auszehrung und Erschöpfung, ihre mehr als bescheidene Kleidung weckten in der Familie jedoch große Unruhe. Ihre Angehörigen fütterten sie also auf, nähten ihr neue Kleider, befahlen ihr, sich auszuruhen und sorgten sich um die Erneuerung ihrer Kräfte.

Maria beabsichtigte, nach Paris zurückzukehren, um jetzt das zweite Lizentiat in Mathematik zu erringen. Leider erwies es sich, daß ihre Ersparnisse bereits außerordentlich zusammengeschrumpft waren. Sie wollte auch die Unterstützung des Vaters nicht in

Anspruch nehmen, da sie der Meinung war, daß dies zu große Opfer von ihm verlangen würde. Sie war also fast entschlossen, im kommenden Jahr auf die Fortsetzung des Studiums zu verzichten.

Da geschah etwas Unvorhergesehenes. Ihre Freundin aus Paris, *Dydyńska*, erkämpfte ohne *Marias* Wissen für sie in Polen das von der Familie *Aleksandrowicz* gestiftete Stipendium, das ungewöhnlich begabten, im Ausland studierenden jungen Menschen gewährt wurde. Es betrug sechshundert Rubel.

Maria, die selbst nie auf die Idee gekommen wäre, um diese Art von Unterstützung zu ersuchen, war wie betäubt und verließ Warszawa fast auf der Stelle, um nach Paris zurückzukehren. Dort gelang es ihr, ein ziemlich ordentliches und billiges Zimmer zu mieten, das wesentlich besser war, als die Zimmer, die sie vordem gemietet hatte. Sie stürzte sich also wieder in ihre Studien. Im Frühjahr 1894 schrieb sie an ihren Bruder *Józef*:

Es wird mir schwer, Dir mein Leben im einzelnen zu schildern, denn es ist sehr eintönig und für dritte grenzenlos uninteressant. Ich leide aber nicht etwa unter dieser Eintönigkeit, sondern bedaure nur das eine — daß die Tage so kurz sind und so schnell vergehen. Es ist schon Ostern, man merkt nie, was schon getan ist, man sieht nur das, was noch getan werden muß, und wenn man seine Arbeit nicht liebte, könnte man manchmal den Mut verlieren.

Obwohl *Maria* eifrig arbeitete und das Studium sie völlig in Anspruch nahm, war es doch ein zweifellos schwieriger Zeitraum in ihrem Leben. Oft hat sie diese Zeit später als heroisch bezeichnet. Das erhaltene Stipendium nutzte sie äußerst sparsam — sie sparte sich alles vom Munde ab. Sie wollte solange wie möglich an der Sorbonne studieren können. Später schrieb ihre Tochter *Eve*:

Einige Jahre später hat sie sich dann mit dem gleichen leidenschaftlichen Geiz sechshundert Rubel von ihrem ersten Verdienst abgespart, von einer technischen Studie, deren Anfertigung ihr von der Société d'Encouragement pour l'Industrie Nationale aufgetragen worden war. Sie sandte das Geld an die Verwaltung der Aleksandrowicz-Stiftung, dort staunte man darüber nicht wenig, denn das war bis dahin noch niemals vorgekommen. „Das ist ein Stipendium, das nicht zurückgegeben werden muß", wird ihr geantwortet. *Maria* hatte das Stipendium jedoch nur als Anleihe betrachtet, als Ehrenschuld, die sie sofort zurückzuzahlen verpflichtet ist, wenn sie dazu in der Lage ist, eine um so heiligere Pflicht, als die Zuerkennung des Stipendiums ein Vertrauensbeweis war. Sie hätte sich für unredlich gehalten, wenn sie auch nur einen Augenblick länger als nötig das Geld zurückhielte, das jetzt einem anderen jungen Mädchen zugute kommen kann ...

1894 legte *Maria* die Lizentiatenprüfung in Mathematik ab. Sie schloß mit einem ehrenvollen zweiten Platz ab.

3. PIERRE UND MARIA

Die Realisierung der genannten, zu Beginn des Jahres 1894 von der Gesellschaft zur Förderung der nationalen Industrie vergebenen Arbeit über die magnetischen Eigenschaften der verschiedenen Arten des Stahls machte *Maria* nicht wenig zu schaffen. Im Laboratorium Professor *Lippmanns*, in dem sie diese Arbeit anfänglich ausführte, war es zu eng. In jener Zeit traf sie gerade *Józef Kowalski*, Professor für Physik an der Universität in Freiburg, dessen Frau *Maria* noch von der Zeit her kannte, als sie sich in dem von Herrn *Żurawski* verwalteten Gut aufhielt.

Professor *Kowalski* versprach Abhilfe und bat zu diesem Zweck den damals schon bekannten jungen Wissenschaftler *Pierre Curie* zu sich, der in der Städtischen Schule für Physik und Industrielle Chemie in der Rue Lhomond arbeitete. *Maria* erinnerte sich später:

Als ich hereinkam, stand *Pierre Curie* an der Balkontür. Er kam mir sehr jung vor, obwohl er damals bereits fünfunddreißig Jahre alt war; der Ausdruck seines klaren Blicks und seine scheinbar nachlässige Haltung, bedingt durch seinen hohen Wuchs, überraschten mich. Seine Schlichtheit, sein zugleich ernstes und jungenhaftes Lächeln, die Art, in der er sprach — sichtlich langsam und nachdenklich — weckten mein Vertrauen. Unser Gespräch wurde sehr bald freundschaftlich; Thema des Gesprächs waren wissenschaftliche Dinge, über die ich seine Meinung erbat.

Pierre wurde am 15. Mai 1859 in Paris geboren. Hier arbeitete sein Vater als Assistent von Professor *Gratiolet* im Laboratorium des Naturkundemuseums. Beide Eltern waren bürgerlicher Herkunft. *Pierres* Vater *Eugène* entstammte einer protestantischen Familie aus dem Elsaß. *Eugène* war Sohn eines Arztes und selbst Arzt; seine Erziehung hatte er in Paris genossen, wo er ein naturwissenschaftliches Studium und ein Medizinstudium absolvierte.

Eugène Curie war ein bescheidener Mensch, uneigennützig und zu Opfern für andere bereit. Während der Revolution 1848 eilte er, noch als Student, tapfer Verwundeten zu Hilfe, und für seine „mutige Haltung" erhielt er von der republikanischen Regierung die Ehrenmedaille. Während einer Choleraepidemie pflegte er Kranke in einem von den Ärzten verlassenen Pariser Stadtteil.

Während der Pariser Commune richtete *Eugène* in seiner Wohnung, die sich in der Nähe einer Barrikade befand, eine Ambulanz ein, in der Verwundete behandelt wurden. Auch *Pierre* verließ mit seinem Vater und seinem Bruder *Paul-Jacques* das Haus, um Verwundete zu tragen. Diese kurze, aber leidenschaftliche und tragische Episode grub sich tief in das Gedächtnis des Jungen ein.

Pierres Vater war ein glühender Anhänger der Commune und befreundete sich mit ehemaligen Revolutionären. Er gehörte auch zu den Freidenkern und war kirchenfeindlich eingestellt. Er ließ seine Söhne nicht taufen und war nicht damit einverstanden, daß sie irgendeinem Glaubensbekenntnis angehörten. Die Aktivität Doktor *Curies* während der Pariser Commune und seine fortschrittliche Einstellung ließen das Ansehen seiner Arztpraxis in den Kreisen der Bourgeoisie zusammenschrumpfen.

Die immer geringer werdende Zahl der Patienten zwang den Doktor, Paris zu verlassen. Er nahm eine Stelle als Medizinischer Inspektor an und wohnte ab 1873 in Fontenay-aux-Roses. Nach neun Jahren siedelte er nach Sceaux um. Indem er außerhalb von Paris wohnte, sicherte er sich und seinen Nächsten bessere Bedingungen in gesundheitlicher Hinsicht. Materiell gesehen ging es ihm jedoch nicht besonders gut. Trotz der Einschränkungen und sogar der finanziellen Sorgen herrschte im Hause eine heitere Stimmung, und die jungen Söhne *Eugènes* wuchsen in einer Atmosphäre häuslicher Wärme auf. *Maria Sklodowska* schrieb später:

Als *Pierre Curie* mir zum ersten Mal von seinen Eltern erzählte, sagte er mir, daß sie ausgezeichnet seien. Das waren sie wirklich. Der Vater, ein bißchen despotisch, stets lebhaft und aktiv und äußerst uneigennützig, konnte und wollte seine Beziehungen nicht dazu nutzen, seine Existenz zu verbessern. Er liebte seine Frau und seine Söhne sehr und war immer bereit, dorthin zu eilen, wo man seiner Hilfe bedurfte. Die Mutter war zart und lebhaft, und obwohl sie seit der Geburt der Kinder nicht allzu gesund war, war sie stets fröhlich und in ihrem bescheidenen Haus beschäftigt, das sie nett und gastlich einzurichten verstand.

Als ich sie kennenlernte, wohnten sie in Sceaux, in der Rue des Sablons (heute Rue Pierre Curie), in einem kleinen alten Häuschen, das tief versteckt in einem schönen grünen Garten lag. Ihr Leben floß ruhig dahin. Doktor *Curie* besuchte seine Patienten in Sceaux und den Nachbarorten; außerdem las er und beschäftigte sich mit seinem Garten. Die nahen Verwandten und Nachbarn kamen sonntags zu Besuch — dann waren Schach oder Billard beliebte Zerstreuungen ... Ein Hauch tiefer Stille und heiterer Gelassenheit ging von diesem Haus und seinen Bewohnern aus.

Pierre hat seine gesamte Kindheit zu Hause verbracht. Er ist nie zur Schule gegangen. Zuerst unterrichtete ihn die Mutter, dann der ältere Bruder und der Vater. Das hatte seine Vorteile, denn *Pierre* neigte zu Reflexionen und sogar Träumereien und hätte es gewiß nicht fertiggebracht, besonders in seiner Kinder- und Jugendzeit, sich der Zucht des Schulsystems unterzuordnen. Wenn man ihn beobachtete, konnte man zu dem Schluß kommen, daß sein Geist langsam arbeite. In Wirklichkeit war es nur der Ausdruck einer äußerst großen Konzentration, der ein volles Begreifen vorausging und die eine allseitige Beherrschung des Problems gestattete.

Unter diesen Bedingungen konnte die Ausbildung *Pierres* nicht systematisch sein. Dafür entwickelte er sich frei und ungezwungen, und seine Kenntnisse verknöcherten nicht im dogmatischen Schema, das die Schule so oft aufzwängt. Es bildete sich seine Liebe zur Natur heraus, die durch einsame oder im Freundeskreis unternommene Wanderungen in die nähere und fernere Umgebung vertieft wurde. Als er vierzehn Jahre alt war, befand er sich unter der Obhut von *A. Bazille*, einem Mathematiklehrer, der außergewöhnliche pädagogische Fähigkeiten besaß. Schnelle Fortschritte beim Lernen ermöglichten es *Pierre*, sich früh auf die Reifeprüfung vorzubereiten, die er mit knapp sechzehn Jahren ablegte.

Es gelang ihm rasch, ein Hochschulstudium an der Sorbonne aufzunehmen. Da er für Experimente sehr begabt war, begann er, Professor *Leroux* in dessen Laboratorium bei der Vorbereitung der Physikvorlesungen zu helfen. Mit seinem Bruder *Jacques (Paul Jacques* benutzte nur seinen zweiten Vornamen) hingegen, der damals Assistent bei Professor *Riche* und bei Professor *Jungfleisch* war, führte er Versuche in der Arbeitsstätte für Chemie durch.

Das Lizentiat erwarb *Pierre,* als er achtzehn Jahre alt war; bereits im Jahr darauf, 1878, wurde er Assistent von Professor *Desains* an der Mathematisch-Naturwissenschaftlichen Fakultät der Pariser Universität und leitete fünf Jahre lang die Seminare mit den Studenten, wobei er zugleich seine eigene experimentelle Arbeit aufnahm. Bereits zu Beginn seiner wissenschaftlichen Arbeit errang *Pierre* beachtenswerte Ergebnisse. Die ersten Forschungen führte er gemeinsam mit seinem Vorgesetzten, Professor *Desains,* durch. Ihr Ziel war es, die Wellenlänge der Infrarotstrahlung unter Verwendung eines Metallnetzes und einer Batterie mit thermoelektrischen

Elementen zu bestimmen. Diese Methode war zu jener Zeit eine absolute Neuheit und wurde später bei analogen Experimenten häufig angewendet.

Die nächste Forschungsarbeit führten die beiden Brüder *Curie* gemeinsam aus. Es soll hervorgehoben werden, daß Jacques damals Assistent bei Professor *Friedel* in der Arbeitsstätte für Mineralogie der Sorbonne war. Diesmal waren Kristalle Gegenstand der Untersuchungen. Die Experimente waren von außergewöhnlichem Erfolg gekrönt. Den jungen Physikern, die schließlich erst am Anfang ihrer Laufbahn standen, gelang es, die bisher nicht bekannte Erscheinung der Piezoelektrizität zu entdecken. Es erwies sich, daß durch Zug- oder Druckeinwirkung bei bestimmten dielektrischen Kristallen an den gegenüberliegenden Grenzflächen elektrische Ladungen mit entgegengesetztem Vorzeichen auftraten. Durch die mechanische Beeinflussung kam es einfach zu einer Verschiebung der Elektronen in den entsprechenden Atomen.

Diese Entdeckung hat vor allem gegenwärtig auch große praktische Bedeutung erlangt. Sie hat die Umwandlung mechanischer Schwingungen in elektrische und umgekehrt ermöglicht. Sie wird also weitgehend bei verschiedenen Mikrophonen, Kopfhörern und Lautsprechern genutzt.

Leider konnte die enge und derart fruchtbringende Zusammenarbeit von *Pierre* und *Jacques* nicht länger andauern. Der ältere der beiden Brüder erhielt 1883 einen Lehrstuhl für Mineralogie an der Universität in Montpellier, *Pierre* hingegen bekleidete die Stelle eines Adjunkts in der Städtischen Schule für Physik und Industrielle Chemie. Erst viel später, nämlich 1895, wurden die beiden Brüder *Curie* für ihre Forschungsergebnisse auf dem Gebiet der Kristalle mit dem Prix Planté ausgezeichnet.

In jener städtischen Schule, in den Gebäuden des ehemaligen College Rollin verbrachte *Pierre* zweiundzwanzig Jahre seines Lebens — zuerst als Adjunkt, dann als Professor, und obwohl der Unterricht mit den Studenten viel Zeit kostete, setzte er seine wissenschaftliche Forschungsarbeit fort. Obgleich *Pierre Curie* Anerkennung und Unterstützung von seiten seiner Vorgesetzten fand, arbeitete er unter sehr ungünstigen Bedingungen. Seine spätere Frau *Maria Curie* schrieb:

Er hatte nicht nur kein eigenes Laboratorium, sondern nicht einmal ein eigenes Zimmer für sich selbst. Er erhielt für seine Forschungen keine Zuwendungen. Erst nach einigen Jahren Arbeit an der Schule erhielt er dank der Unterstützung *Schützenbergers*[1]) eine nicht gerade große jährliche wissenschaftliche Subvention. Bisher war ihm das notwendige Material aus dem allgemeinen Budget der Schule zur Verfügung gestellt worden, das leider recht knapp bemessen war, und das auch nur dank der Anteilnahme seiner Vorgesetzten.

Um 1891 begann *Pierre*, den Magnetismus von Substanzen mit verschiedenen magnetischen Eigenschaften zu untersuchen, und zwar in einem für jene Zeit und unter den damals vorhandenen Bedingungen sehr großen Temperaturbereich — von Zimmertemperatur bis 1400 °C. Dabei mußte man äußerst große experimentelle Schwierigkeiten überwinden, da z. B. Kräfte in der Größenordnung von 0,01 Dyn (ein zehnmillionstel Newton) in einer derart erhitzten Substanz zu messen waren.
Bekanntlich weisen alle Körper magnetische Eigenschaften auf. Körper, die in einem äußeren Magnetfeld einer schwachen Magnetisierung unterliegen, die aber mit der Richtung dieses Magnetfeldes übereinstimmt, heißen Paramagneten. Andere wie z. B. Eisen werden im gleichen Feld wesentlich stärker magnetisiert. Das sind ferromagnetische Stoffe (ferrum = lat. Eisen). Körper hingegen, die in einem äußeren Magnetfeld einer (übrigens schwachen) Magnetisierung unterliegen, die der Richtung dieses Magnetfeldes entgegengesetzt ist, heißen diamagnetische Stoffe.
In der Arbeit, die er 1895 an der Mathematisch-Naturwissenschaftlichen Fakultät der Sorbonne als Dissertation vorlegte, schrieb *Pierre:*

Auf den ersten Blick sind das völlig verschiedene Gruppen. Hauptziel der vorliegenden Arbeit ist es, zu untersuchen, ob es zwischen diesen drei Zuständen der Materie Übergänge gibt und ob es möglich ist, einen Körper nacheinander in alle drei Stadien zu überführen. Zu diesem Zweck habe ich die Eigenschaften einer bedeutenden Anzahl von Körpern bei verschiedenen Temperaturen und in Magnetfeldern verschiedener Intensität untersucht. Meine Versuche beweisen, daß es zwischen den Eigenschaften diamagnetischer und paramagnetischer Körper keinerlei Annäherung gibt, diese Ergebnisse bestätigen die Theorien, die den Magnetismus und den Diamagnetismus Ursachen verschiedener Natur zuschreiben.

---

[1]) *Paul Schützenberger*, Professor, Direktor der Städtischen Schule für Physik und Industrielle Chemie, hervorragender Chemiker, Entdecker der Azetylzellulose.

Die Eigenschaften ferromagnetischer und paramagnetischer Körper hingegen bleiben in enger Verbindung miteinander.

Der junge französische Gelehrte wurde durch seine Arbeiten auch außerhalb seines Vaterlandes rasch berühmt. Er wurde von so hervorragenden Wissenschaftlern wie dem großen britischen Physiker *Lord Kelvin* geschätzt, der keine Mühe scheute, um ihn in Paris zu besuchen. So schrieb er am 3. Oktober 1893:

Werter Herr *Curie*, ich hoffe, morgen abend in Paris einzutreffen, und ich wäre Ihnen sehr verbunden, wenn Sie mir mitteilen würden, wann ich Sie diese Woche in Ihrem Laboratorium aufsuchen könnte ...

Unterdessen erhielt *Pierre* damals, nach fast fünfzehn Jahren Arbeit, für seine hohen Qualifikationen und seine Betreuung von dreißig Studenten ein Monatsgehalt von 300 Francs. Ebensoviel verdiente in Paris auch ein Facharbeiter. Das reichte knapp für einen bescheidenen Unterhalt.
Pierre konnte und wollte sich jedoch nicht um eine Beförderung bemühen. Mehr noch, er war in dieser Hinsicht eigenartig empfindlich, was hervorragend durch einen Ausschnitt aus seinen Erinnerungen belegt wird:

Man hat mir gesagt, daß einer der Professoren vielleicht zurücktreten werde, und daß ich mich in diesem Fall um den freiwerdenden Posten bewerben soll. Es ist eine ekelhafte Sache, sich um irgendeine Stellung zu bewerben. Ich bin nicht an derartige Machenschaften gewöhnt, die jeden Menschen demoralisieren müssen. Ich bedauere es, überhaupt daran erinnert zu haben. Ich glaube, für den Geist gibt es nichts Ungesünderes, als sich in derartige Dinge einzulassen und von allen Seiten zugetragenen Klatsch anzuhören ...

Ein anderes Mal wollte Professor *Schützenberger*, der *Pierre* sehr zugetan war, ihn zum zweiten Mal für eine akademische Auszeichnung vorschlagen. Der junge *Curie* schrieb ihm damals:

Herr *Muzet* teilte mir mit, daß Sie die Absicht haben, mich dem Präfekten erneut zur Auszeichnung vorzuschlagen.
Ich bitte Sie, das nicht zu tun. Wenn Sie die Auszeichnung für mich erwirken würden, wäre ich gezwungen, sie zurückzuweisen, denn ich bin fest entschlossen, niemals irgendeine Auszeichnung anzunehmen. Ich denke, daß ich mich bei vielen Leuten lächerlich machen würde.
Ihr Interesse haben Sie mir schon auf eine wirksamere Art und Weise bezeugt, indem Sie mir die Möglichkeit boten, bequemer zu arbeiten. Das hat mich sehr gerührt.

Obwohl *Pierre* sich um seine Lebens- und Arbeitsbedingungen weiter nicht kümmerte, verbesserte sich seine Lage schließlich dennoch. *Mascart,* Professor für Physik am Collège de France, der die hervorragenden wissenschaftlichen Leistungen des jungen *Curie* anerkannte und die ihm u. a. von *Lord Kelvin* bezeugte Anerkennung berücksichtigte, erwirkte bei Professor *Schützenberger,* daß dieser einen Antrag auf Bildung eines neuen Lehrstuhls für Physik an der Städtischen Schule für Physik und Industrielle Chemie stellte. *Pierre* wurde zum Professor ernannt. Aber die Bedingungen für seine Arbeit verbesserten sich praktisch nicht.

Die erste Begegnung *Pierres* mit *Maria Sklodowska* erfolgte noch, bevor er zum Professor ernannt wurde. Die junge Polin machte einen starken Eindruck auf ihn. *Marias* Tochter *Eve* erinnert u. a. daran, daß er seit jenem Augenblick versucht hat, sich *Maria* zu nähern. Mehrmals begegnete er ihr auf den Tagungen der Physikalischen Gesellschaft. Endlich entschloß er sich zu einem kühneren Schritt — er bat *Maria,* sie zu Hause besuchen zu dürfen. *Eve Curie* schreibt dazu:

Freundschaftlich, aber zurückhaltend wie immer hat *Maria* ihn in ihrem kleinen und leeren Zimmerchen empfangen. Wenn sich *Pierre* auch vor soviel Armut das Herz zusammenkrampfte, so hat er doch tief empfunden, wie gut Schauplatz und Handelnde zusammenklangen. Niemals ist ihm *Maria* schöner und anziehender erschienen, als damals in ihrem abgetragenen Kleid, in den kahlen Wänden des Dachstübchens, nie erschien ihm ihr junges eigenwilliges Gesicht, in das ein Leben voller Entsagungen seine Spuren eingegraben hat, von so innerem Glanz erleuchtet.

Im Laufe der nächsten Wochen und Monate entwickelten sich zwischen ihnen freundschaftliche Beziehungen. *Pierre* unterlag dem Zauber *Marias,* fragte sie um Rat und holte ihre Meinung ein. Unter ihrem Einfluß entfaltete er einen größeren Arbeitseifer. Seine Doktorarbeit über den Magnetismus verteidigte er glänzend. Er war verliebt, aber eingeschüchtert durch eine gewisse Zurückhaltung von Fräulein *Sklodowska,* konnte er sich nicht dazu entschließen, sie um ihre Hand zu bitten. An einem Junitag, als er während einer Begegnung in *Marias* Wohnung über die ihn beschäftigende Arbeit sprach, wechselte er plötzlich das Gesprächsthema. Er begann von seinen Eltern, seinem Bruder und seinen Ausflügen aufs Land zu erzählen. Die junge Polin stellte mit Interesse fest, wieviel ähnliche Züge es zwischen ihrem Leben und dem Leben *Pierres* gab.

Kurz darauf machte Professor *Curie* ihr einen Heiratsantrag. Obwohl er sein Angebot wiederholte, lehnte *Maria* ab, da sie sich von rationalen Vorsätzen leiten ließ. Sie beabsichtigte schließlich, nach Polen zurückzukehren und dort für das Wohl ihres Vaterlandes zu arbeiten. Außerdem wollte sie trotz der großen Freundschaft, die sie für *Pierre* empfand, keinen Ausländer heiraten.

Nachdem *Maria* die Abschlußprüfung abgelegt und das Lizentiat in Mathematik errungen hatte, begab sie sich nach Warszawa. *Pierre,* dem sie keinerlei Versprechungen gemacht hatte, schrieb ihr oft lange Briefe. Er versuchte, sie zu überzeugen und zur Rückkehr zu bewegen. So schrieb er am 10. August 1894:

Wir haben uns versprochen (das ist doch wahr), wenigstens sehr gute Freunde zu bleiben. Wenn Ihnen das nur nicht inzwischen leid geworden ist! Es gibt nämlich keine Versprechungen, die für immer binden, solche Dinge lassen sich nicht befehlen. Es wäre allerdings etwas sehr Schönes — woran ich gar nicht zu glauben wage —, dicht beieinander zu leben, versponnen in unsere Ideale, in *Ihr* vaterländisches Ideal und in *unser* allgemeinmenschliches und wissenschaftliches Ideal.

Von all diesen Idealen ist, meiner Ansicht nach, eigentlich nur das letzte berechtigt. Ich will damit sagen, daß wir einfach nicht imstande sind, die soziale Ordnung zu verändern, und daß, selbst wenn dies nicht der Fall wäre, wir nicht wüßten, was wir tun sollten. In welchem Sinne wir auch handelten, könnten wir nie sicher sein, ob wir nicht mehr Böses als Gutes schafften, ob wir nicht den Fortschritt hinauszögerten, der auf gegebenem Gebiet unbedingt eintreten muß. In der Wissenschaft liegt die Sache anders, da können wir danach streben zu handeln. Hier haben wir festen Boden unter den Füßen, und jede Entdeckung, so unbedeutend sie auch sein mag, bleibt ein gewisser, realer Gewinn.

Sehen Sie, wie alles miteinander verbunden ist?

Es ist also abgemacht, daß wir treue Freundschaft halten, die allerdings, wenn Sie übers Jahr Frankreich für immer verlassen, etwas sehr platonisch sein wird — wie stets zwischen zwei Menschen, die sich nicht mehr wiedersehen sollten... Wäre es da nicht besser, wenn Sie ganz bei mir blieben? Ich weiß, daß Sie diese Frage erzürnt, und will darum nichts mehr darüber sagen. Dabei fühle ich mich Ihrer völlig unwert, in jeder Beziehung...

Vier Tage später fügte *Pierre* in einem anderen Brief hinzu:

Ich finde es ein wenig überheblich, wenn Sie behaupten, vollkommen frei zu sein. Wir sind alle Sklaven — zum mindesten unserer Nei-

gungen und der Vorurteile der Menschen, die wir lieben. Wir müssen auch alle unseren Unterhalt verdienen, so werden wir zu Rädern in der großen Maschine usw.
Das peinlichste sind die Zugeständnisse, die man den Vorurteilen der Gesellschaftsschicht, in der man lebt, machen muß — man macht deren mehr oder weniger, je nachdem man sich schwach oder stark fühlt. Macht man nicht genügend Zugeständnisse, so wird man zermalmt, macht man zuviel, ist man verächtlich und bekommt vor sich selbst einen Ekel. Wie weit bin ich von den Grundsätzen abgekommen, die ich vor zehn Jahren hatte. Damals glaubte ich, daß man in allem konsequent sein und unserer Umgebung keinerlei Zugeständnisse machen müsse. Ich glaubte, daß man sowohl in seinen Fehlern als auch in seinen Vorzügen übertreiben müsse. Ich trug immer nur blaue Arbeiterhemden usw.
Woraus Sie ersehen mögen, daß ich sehr alt geworden bin und mich sehr schwach fühle . . .

Sehr charakteristisch ist auch der Ausschnitt aus einem Brief, den *Pierre* ihr nach drei weiteren Wochen schrieb:

Ich glaube, daß für gewisse Fragen eine allgemeine Lösung erforderlich ist, weil sie heute örtlich nicht mehr zu lösen sind, und daß man nur Unheil anrichtet, wenn man einen Weg einschlägt, der kein Ausweg ist. Ich glaube ferner, daß die Gerechtigkeit nicht von dieser Welt ist und daß schließlich das stärkste oder vielmehr ökonomischste System siegen wird. Ein Mensch arbeitet über seine Kräfte und lebt trotzdem jämmerlich. Das ist natürlich empörend, aber nicht, weil es das ist, wird es geändert werden. Verschwinden wird es voraussichtlich darum, weil der Mensch eine Art Maschine ist und es vom wirtschaftlichen Standpunkt aus vorteilhafter ist, eine Maschine nur im Rahmen ihrer Leistungsfähigkeit laufen zu lassen, ohne sie zu überlasten.
Als ich zwanzig Jahre alt war, ist mir ein großes Unglück widerfahren: Ich verlor eine Jugendfreundin, die ich sehr lieb hatte, unter ganz fürchterlichen Umständen — mir fehlt der Mut, Ihnen die zu erzählen. Ich war damals Tag und Nacht wie von einem Alptraum besessen, es war mir geradezu ein Genuß, mich selbst zu quälen. Dann gelobte ich mir allen Ernstes, nur noch an die Sachen, nicht an mich und die Menschen zu denken. Im besten Glauben habe ich mir ein asketisches Leben ausgedacht. Ich habe mich seitdem oft gefragt, ob dieser Verzicht auf das Leben nicht einfach ein Taschenspielertrick war, den ich mir selbst vormachte, um dadurch das Recht zu gewinnen, das Geschehene zu vergessen . . .

Inzwischen versuchte *Maria* erfolglos in Polen eine Stelle zu finden, um ihre wissenschaftlichen Forschungen weiter fortsetzen zu können. Es gab für sie weder in Warszawa und noch nicht einmal in

Kraków eine Stellung, wo sich unter der österreichischen Besatzung das Hochschulwesen gut entwickelte — die Jagiellonen-Universität setzte ihre ruhmreichen Traditionen fort.
Die junge Gelehrte beschloß, nach Paris zurückzukehren. Mit Freude schrieb *Pierre* ihr:

Sie werden also nach Paris zurückkehren, und das freut mich riesig. Ich wünsche innig, daß wir wenigstens unzertrennliche Freunde werden. Sind Sie nicht auch dieser Meinung?
Wenn Sie Französin wären, würden Sie leicht Lehrerin an einem Gymnasium oder an einem Lehrerseminar für junge Mädchen werden können. Würde Ihnen dieser Beruf gefallen?

Nach ihrer Rückkehr wohnte *Maria* außerhalb des Quartier latin in der Rue de Chateaudun, denn dort empfing ihre Schwester Patienten. Hier war noch ein Zimmer frei. Im Laufe des Tages, wenn die Patienten zu *Bronisława Dluska* kamen, nahm Fräulein *Sklodowska* an Vorlesungen in der Universität teil oder weilte im Laboratorium. Abends, wenn sie in ihre neue Wohnung zurückkehrte, herrschte hier bereits Ruhe. die sie zum Studium und zur schöpferischen Arbeit so dringend benötigte. *Pierre* war jetzt hier oft zu Gast und kämpfte um seinen Platz an ihrer Seite. Er versuchte ihr die verschiedensten Lösungen vorzuschlagen. Er schlug z. B. vor, daß *Maria,* wenn sie ihn nicht liebe, wenigstens einwilligen solle, ein gemeinsames Leben auf ausschließlich freundschaftlicher Basis in der Wohnung in der Rue Mouffetard zu führen, die man in zwei selbständige Wohnungen teilen könnte. Schließlich wäre er sogar damit einverstanden, für immer nach Polen auszureisen. Es gelingt ihm sogar, einen Verbündeten zu gewinnen, und zwar in der Person von *Bronisława Dluska, Marias* Schwester.
Einige Monate noch verteidigte *Maria* ihre Unabhängigkeit; schließlich gab sie nach. Am 26. Juli 1895 ließ sie sich in der Mairie (Bürgermeisterei in Frankreich, d. Ü.) von Sceaux mit *Pierre* standesamtlich trauen — *Pierre* gehörte keiner Religion an, und sie selbst ging seit langem nicht mehr in die Kirche. Die Trauung selbst verlief auch im Gegensatz zu den allgemeinen Bräuchen — das Paar tauschte nicht einmal die Ringe. Die Hochzeitsfeierlichkeiten in *Pierres* Elternhaus waren äußerst bescheiden. Als Gäste kamen der aus Warszawa angereiste Vater der Braut mit ihrer Schwester *Helena* und außerdem die zweite Schwester *Bronisława*

mit ihrem Mann *Kazimierz* und dessen Mutter sowie eine Handvoll Freunde von der Universität.
Die Hochzeitsreise unternahmen die *Curies* auf Fahrrädern, die sie von einem Verwandten zur Hochzeit geschenkt bekommen hatten. Sie bewohnten drei Zimmer in der Rue Glacière, unweit der Städtischen Schule für Physik und Industrielle Chemie, an der *Pierre* jetzt schon Professor war. Sein jährliches Einkommen belief sich auf 6000 Francs und reichte für einen bescheidenen, aber angemessenen Unterhalt.
Maria erhielt von Professor *Schützenberger* die Genehmigung, an der Seite ihres Mannes wissenschaftlich zu arbeiten. Zugleich bereitete sie sich auf die Lehrerprüfung vor, die dazu berechtigte, eine Stellung in einer Mädchenhochschule zu bekleiden. Sie legte diese Prüfung 1896 ab.
In jener Zeit setzte *Pierre Curie* seine Forschungsarbeit über das Wachstum der Kristalle fort. *Maria* dagegen beschäftigte sich mit der Magnetisierung von gehärtetem Stahl. Diese Arbeit beendete sie vor dem Urlaub 1897. Dafür erhielten die *Curies* eine kleine Unterstützung von der Gesellschaft zur Förderung der nationalen Industrie. In jener Zeit erwartete *Maria* ihr erstes Kind; sie fühlte sich während der Schwangerschaft sehr schlecht.
Die Urlaubszeit kam heran. Im Juli verreiste *Maria* mit ihrem Vater, der zu ihr zur Erholung aus Polen gekommen war. Sie wohnte in Port Blanc in der Bretagne, während *Pierre* gezwungen war, fürs erste in Paris zu bleiben. Als Professor hatte er schließlich im Zusammenhang mit dem Abschluß des Studienjahres gewisse Verpflichtungen.
Es war charakteristisch für *Pierre,* daß er, da er *Maria* liebte, auch ihr fernes Vaterland in seine Empfindungen einzuschließen begann. Er lernte sogar, polnisch zu sprechen und zu schreiben, und nutzte — wenn auch unbeholfen — seine erworbenen Kenntnisse in der Korrespondenz mit seiner Frau.
Pierre Curie fuhr Anfang August zu seiner Frau. In etwa einem Monat sollte das Kind zur Welt kommen. Trotzdem begaben sich die jungen Eheleute sorglos auf eine lange Radtour. Sie waren sich der Leichtsinnigkeit ihres Verhaltens nicht bewußt. *Maria* verließen die Kräfte. Sie war gezwungen, den Urlaub zu unterbrechen und nach Paris zurückzukehren. Am 12. September 1897 brachte sie *Irène* zur Welt, die künftige Frau *Frédéric Joliots.*

Buchstäblich ein paar Tage nach der glücklichen Geburt der Tochter verlor *Maria* ihre Schwiegermutter. Der vereinsamte Großvater Dr. *Curie* hing um so mehr an der Enkelin. Fürs erste blieb er aber noch in Sceaux. *Maria* konnte sich nicht mit dem Gedanken abfinden, ihre wissenschaftliche Arbeit zu vernachlässigen, und obwohl sie sich wirklich sehr um das Kind kümmerte, wartete sie doch voller Ungeduld auf den Augenblick, da sie ihre unterbrochene Forschungsarbeit wieder aufnehmen konnte.

Bald darauf zogen die *Curies* in ein kleines Haus mit Garten im Boulevard Kellermann. Der Großvater Dr. *Eugène Curie* zog ebenfalls zu ihnen. Er betreute die Enkelin und zog sie auf und befreite so die Eltern von vielen zeitraubenden Alltagspflichten. In jener Zeit war diese Hilfe besonders wertvoll. Denn *Maria*, erschöpft von dem Übermaß an Arbeit, die sie sich aufgeladen hatte, drohte krank zu werden. Ihr Schwager Dr. *Dluski* und der Hausarzt der Familie *Curie*, Dr. *Vauthier*, fanden in ihrem linken Lungenflügel Zeichen für tuberkulöse Veränderungen. Die junge Wissenschaftlerin wollte jedoch von dem von den Ärzten empfohlenen mehrmonatigen Sanatoriumsaufenthalt nichts wissen.

Nachdem sie die Forschungen über die Magnetisierung des gehärteten Stahls abgeschlossen hatte, begann sie, sich ernsthaft für den nächsten Grad ihrer akademischen Laufbahn zu interessieren, den Doktortitel.

Abb. 2. *Bronislawa Sklodowska – Marias* Mutter

Abb. 3. Das Haus in der Freta-Straße 16, in dem *Maria Skłodowska* am 7. November 1867 zur Welt gekommen ist

Abb. 4. *Wladyslaw Sklodowski* mit seinen Töchtern *Maria* (links), *Bronislawa* (Mitte) und *Helena*

Abb. 5. Ein Blatt aus *Marias* Notizbuch mit dem Kopf ihres Lieblingshundes *Lancet*

Abb. 6. Die Schwestern *Maria* und *Bronislawa Sklodowska* als junge Mädchen (das Photo stammt aus dem Jahre 1886, als *Maria* 19 Jahre alt gewesen ist)

Abb. 7. *Maria Sklodowska* als Studentin in Paris (Zeichnung)

Abb. 8. *Pierre Curie* mit seinem Bruder und seinen Eltern

Abb. 9. *Maria* und *Pierre Curie* in den ersten Monaten nach der Eheschließung

Abb. 10. Der berühmte Schuppen in der Rue Lhomond, in dem das Ehepaar *Curie* das Polonium und das Radium entdeckt hat

Abb. 11. Im Laboratorium in der Rue Lhomond

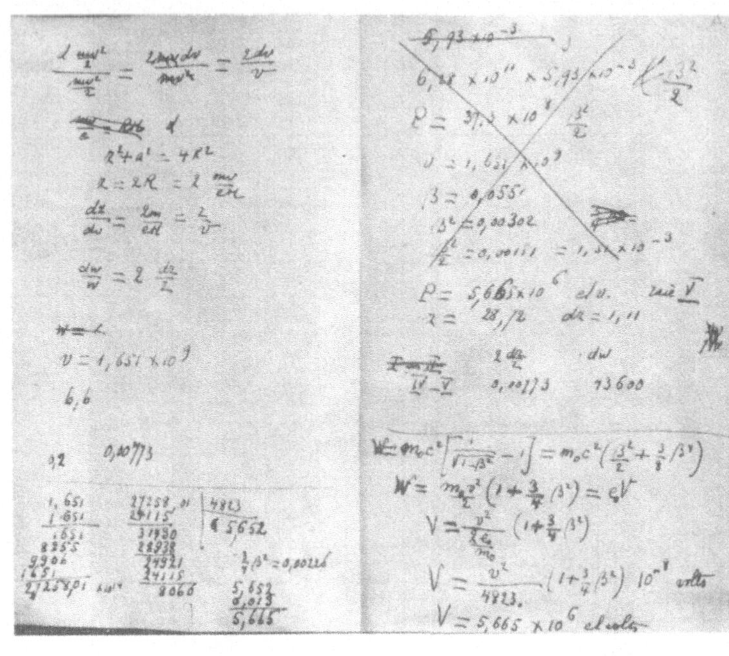

Abb. 12. *Maria Curies* wissenschaftliches Notizbuch

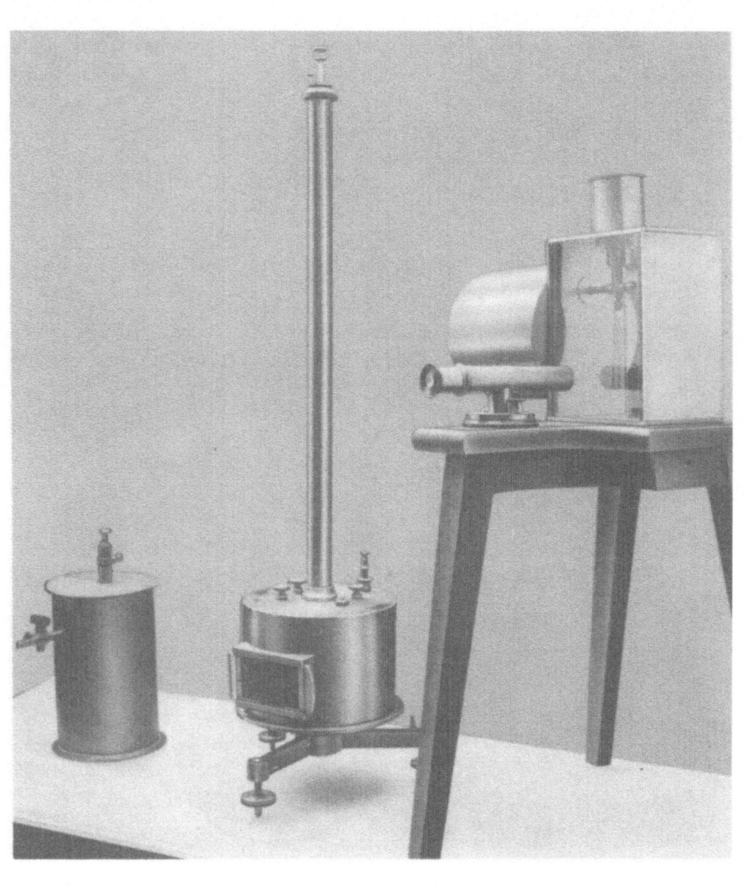

Abb. 13. Meßgeräte, die *Maria Curie* bei der Entdeckung und Erforschung der Radioaktivität verwendet hat

Abb. 14. *Maria* und *Pierre Curie* mit ihrer Tochter *Irène* im Garten der Villa im Boulevard Kellermann

Abb. 15. *Maria Curie* mit ihrer Tochter *Irène* im Garten in Sceaux

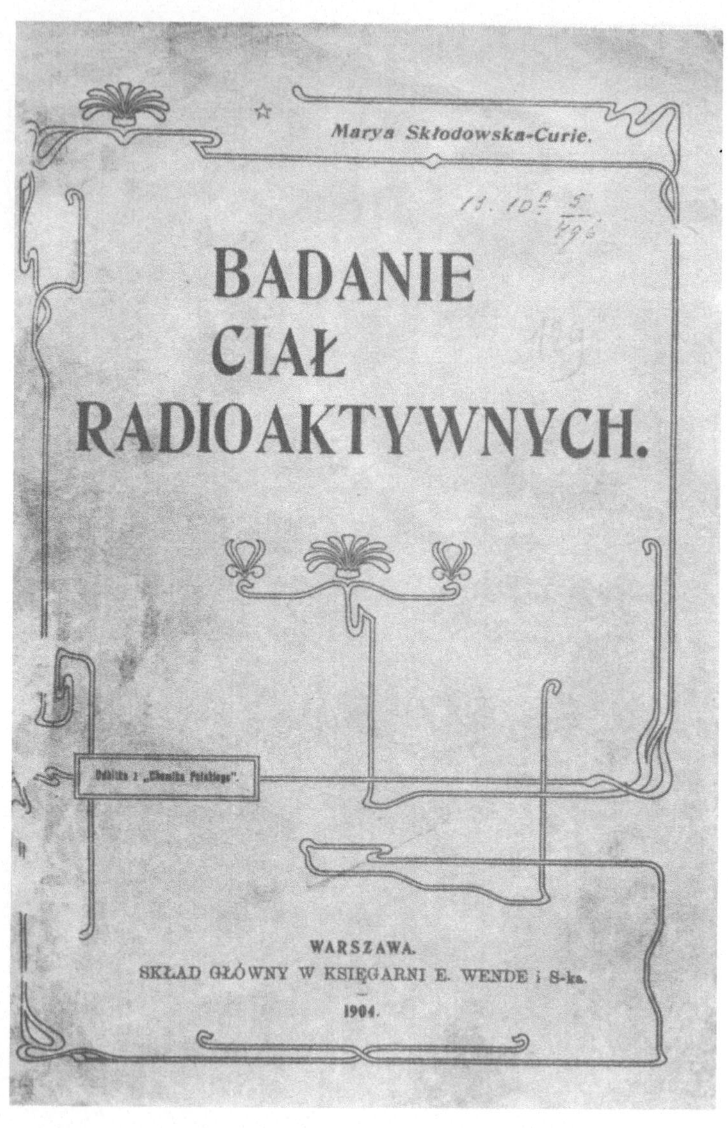

Abb. 16. *Maria Curies* Buch „Untersuchung der radioaktiven Körper"

Abb. 17. *Maria Curie* mit ihren Töchtern *Irène* und *Eve* 1908 im Garten in Sceaux

Abb. 18. Prof. *Claude Régaud*, Leiter des Laboratoire Pasteur, einer Abteilung des Radiuminstituts, die sich mit der Anwendung der radioaktiven Substanzen auf biologischem und medizinischem Gebiet befaßte

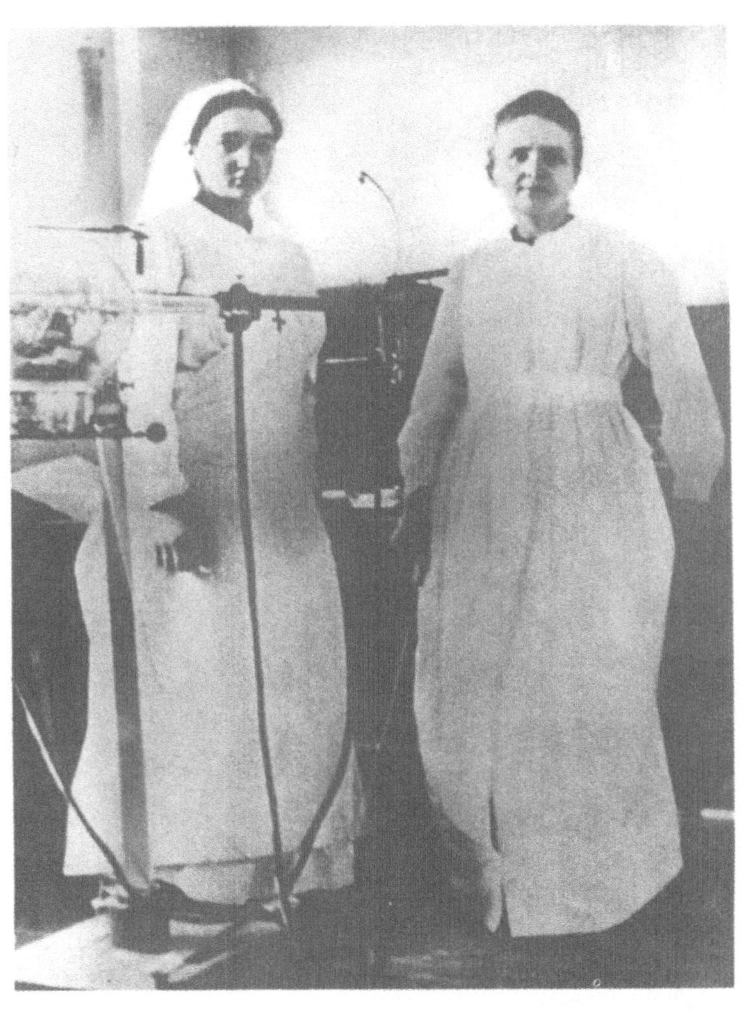

Abb. 19. *Maria Curie* mit ihrer Tochter *Irène* im radiologischen Dienst während des ersten Weltkrieges

Abb. 20. Auf der Rückreise nach Europa

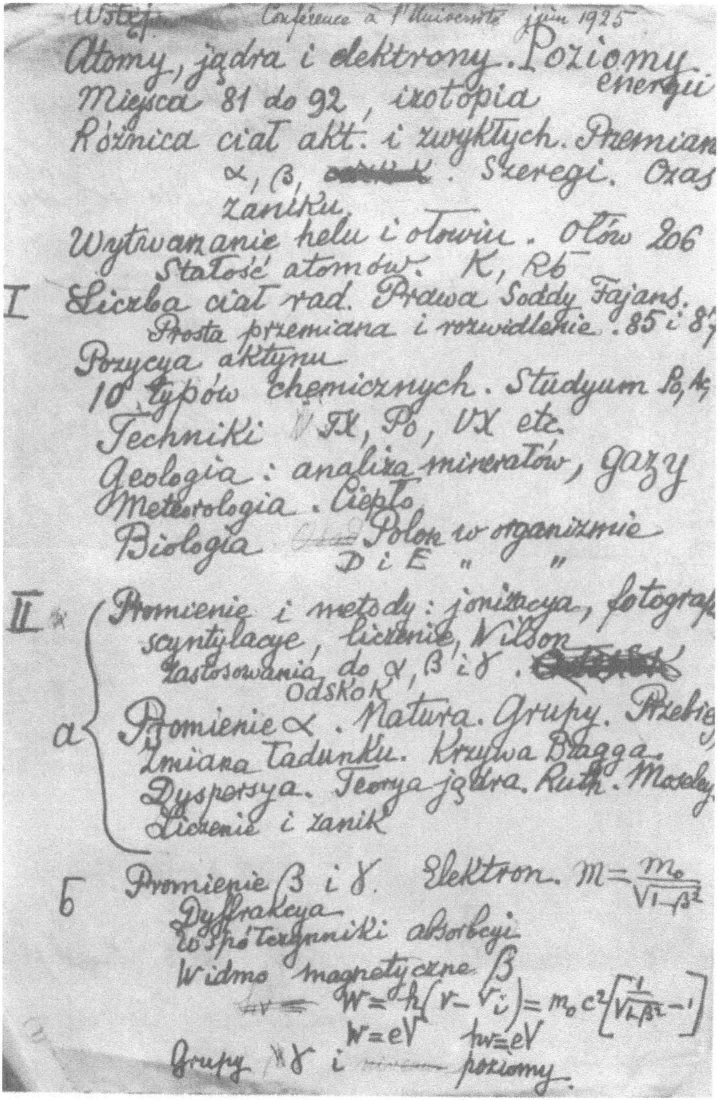

Wstęp. Conférence à l'Université juin 1925

Atomy, jądra i elektrony. Poziomy energii

Miejsca 81 do 92, izotopia

Różnica ciał akt. i zwykłych. Przemiany α, β, . Szeregi. Czas zaniku.

Wytwarzanie helu i ołowiu. Ołów 206

Stałość atomów. K, Rb

I Liczba ciał rad. Prawa Soddy Fajans.

Prosta przemiana i rozwidlenie. 85 i 87

Pozycya aktynu

10 typów chemicznych. Studyum Po, Ac,

Techniki ThX, Po, UX etc.

Geologia: analiza minerałów, gazy

Meteorologia. Ciepło

Biologia Polon w organizmie

D i E " "

II a

Promienie i metody: jonizacya, fotografia scyntylacye, liczenie, Wilson

Zastosowania do α, β i γ. odskok

Promienie α. Natura. Grupy. Przebieg

Zmiana ładunku. Krzywa Bragga.

Dyspersya. Teorya jądra. Ruth. Moseley

Liczenie i zanik

б Promienie β i γ. Elektron. $m = \frac{m_0}{\sqrt{1-\beta^2}}$

Dyffrakcya

Współczynniki absorbcyi

Widmo magnetyczne β

$W = h(\nu - \nu_i) = m_0 c^2 \left[\frac{1}{\sqrt{1-\beta^2}} - 1\right]$

$W = eV \quad h\nu = eV$

Grupy γ i poziomy.

Abb. 21. *Maria Curies* Konspekt für ihre Vorlesung, die sie im Juni 1925 an der Warschauer Universität gehalten hat

Abb. 22. Im Laboratorium

Abb. 23. *Maria* (mit einem Spaten in der Hand) 1925 während der Grundsteinlegung für das auf ihre Initiative gegründete Radiuminstitut in Warszawa

Abb. 24. *Maria Curie* mit ihrer Tochter *Irène* im Laboratorium

Abb. 25. Radiuminstitut in Warszawa

Abb. 26. Von *Ludwika Nitschowa* geschaffenes Denkmal *Maria Skłodowska-Curies* auf dem Maria-Curie-Platz neben dem Onkologischen Institut (dem früheren Radiuminstitut) in Warszawa

Abb. 27. Das letzte Photo *Maria Curies*

4. RADIOAKTIVITÄT

1895 entdeckte der deutsche Forscher *Wilhelm Conrad Röntgen* (1845–1923) die später nach ihm benannte Strahlung. Unter den vielen Eigenschaften dieser für das menschliche Auge unsichtbaren Strahlung lenkte auch ihre Fähigkeit, andere Körper zum Leuchten zu bringen, die Aufmerksamkeit auf sich. Tatsächlich leuchteten Kristalle, die der neu entdeckten Strahlung ausgesetzt wurden, im Dunkeln in einem herrlichen farbigen Glanz. Daher kam man zu der Annahme, daß jede Art von Lumineszenz, also auch das Leuchten vermoderter alter Bäume, von Röntgenstrahlen begleitet ist.

Der französische Physiker *Henri Becquerel* (1852–1908) lenkte die Aufmerksamkeit auf die Salze des damals seltenen Metalls Uran, die eine besondere Fähigkeit zur Lumineszenz aufwiesen. Zur Erforschung dieser Erscheinung benutzte er Photoplatten, die er in die Nähe der Uranverbindungen brachte. Im Verlauf der Experimente erwies sich, daß jene Verbindungen die Schwarzfärbung der Platten sogar dann hervorriefen, wenn die Salze monatelang im Dunkeln gelegen hatten. Es drängte sich also der Schluß auf, daß jene merkwürdige Strahlung vom Uran selbst ausgeht. Von deren besonderem Charakter zeugte zumindest die Tatsache, daß sie die in ziemlich dickes und völlig lichtundurchlässiges Papier verpackten Photoplatten schwarz färbte. *Maria* schrieb später:

> Es galt also, die Herkunft der übrigens sehr geringen Energie zu untersuchen, die von dem Uran in Form von Strahlung ständig ausgesandt wurde. Die Erforschung dieser Erscheinung erschien uns ungewöhnlich interessant, um so mehr, da dieses Problem völlig neu war und noch nirgends beschrieben worden war. Ich beschloß, mich der Bearbeitung dieses Themas zu widmen. Ich mußte einen Ort zum Durchführen der Experimente finden. *Pierre Curie* erhielt vom Direktor der Schule die Genehmigung, zu diesem Zweck die verglaste Arbeitsstätte im Erdgeschoß zu benutzen, die als Lager und Maschinensaal diente.

So begann der heroische Lebensabschnitt *Marias* und ihres Mannes, der viel Mühe kosten sollte, obwohl er in Wirklichkeit, gemessen an der Dauer ihres gesamten Lebens nur relativ kurz war. Im Verlauf einiger Jahre bahnten die jungen Wissenschaftler unter großen Opfern und vor allem auf Kosten ihrer Gesundheit — eine Tatsache, der man sich damals übrigens noch nicht bewußt war — der

Wissenschaft und Technik einen neuen, bisher nicht bekannten und sogar ungeahnten Weg. Sie lüfteten eines der großen Geheimnisse der Materie, ein Geheimnis von großer, nicht nur erkenntnistheoretischer, sondern auch praktischer wirtschaftlicher Bedeutung. Das Ehepaar *Curie* konnte sich dessen nicht bewußt sein. Die *Curies* suchten lediglich nach der wissenschaftlichen Wahrheit.

Die ersten Untersuchungen des Uransalzes fanden in sehr bescheidenem Maßstab statt. *Maria* nahm überaus präzise Messungen des Einflusses der vom Uran ausgesandten Strahlung auf die elektrische Leitfähigkeit der Luft vor. Die Strahlung bewirkte nämlich eine Erhöhung dieser Leitfähigkeit.

Die Experimente fanden unter besonders ungünstigen Bedingungen statt. Der Raum, den *Maria* benutzte, war feucht, und zu allem Überfluß traten auch noch ständig Temperaturschwankungen auf. War es zu kalt in dem Raum, so „rächte" sie sich, indem sie zwischen den Formeln und Ziffern die Temperatur in ihr Arbeitsbuch eintrug. Am 6. Februar 1898 schrieb sie: Thermometer 6 °C. Zur Durchführung der Messungen verwandte die junge Forscherin eine damals außerordentlich brauchbare Methode, die die Brüder *Curie* während ihrer Studien an der Piezoelektrizität entwickelt hatten, einen Elektrometer und einen piezoelektrischen Quarz.

Im Verlauf mühsamer Experimente erwies sich, daß man die Größe der von den Uranverbindungen ausgehenden Strahlung auf diese Weise messen kann. Sie war der vorhandenen Menge des Elements im Probematerial direkt proportional. Sie war weder von der Art der chemischen Verbindung noch von äußeren Faktoren wie Beleuchtung oder Raumtemperatur abhängig.

Maria begann damals, systematisch wie immer, nach anderen Elementen zu suchen, die die gleiche Eigenschaft besaßen wie das Uran. Sie untersuchte alle damals bekannten einfachen Substanzen in Reinform oder in Verbindungen. Sie stellte fest, daß nur Thoriumverbindungen eine Strahlung aussenden, die der vom Uran freigesetzten Strahlung gleicht.

Die polnische Wissenschaftlerin suchte eine Bezeichnung für die neu entdeckte physikalische Eigenschaft und prägte den neuen Begriff radioactivité, d. h. Radioaktivität. Die Elemente, die diese Eigenschaft aufwiesen, bezeichnete sie als radioaktiv.

Von einer besonderen Intuition geleitet, beschloß sie jetzt, die Meßmethode, die sie inzwischen gut beherrschte, zu nutzen, um die

Strahlung der Mineralien aus der umfangreichen Sammlung der Städtischen Schule für Physik und Industrielle Chemie zu untersuchen.

Über jene Zeit schreibt *Eve Curie:*

Sie weiß eigentlich im voraus, was die Prüfung der Mineralien ergeben wird. Die Stücke, die Uran oder Thorium enthalten, werden sich als radioaktiv erweisen, die anderen, die weder Uran noch Thorium enthalten, aber als inaktiv. Die Tatsachen bestätigen ihre Annahme, *Maria* läßt also die „inaktiven" beiseite und mißt mit kleinlicher Genauigkeit die Radioaktivität der anderen.

Doch dann fällt plötzlich das „große Los" dieser erstaunlichen Lotterie... Einige Stücke zeigen nämlich eine größere Radioaktivität, als man nach der in den untersuchten Stücken vorhandenen Menge Uran oder Thorium logischerweise erwarten kann.

Maria wurde mißtrauisch und wachsam. Sie meinte, einen Fehler gemacht zu haben. Sie wiederholte die Messungen mehrere Male. Es stellte sich heraus, daß ihr kein Irrtum unterlaufen war. Später schrieb sie:

Diese Anomalie hat uns in höchstem Grade verwundert, und als ich völlig sicher war, daß es sich um keinen experimentellen Fehler handelte, mußte diese Anomalie begründet werden. Ich habe damals die Hypothese aufgestellt, daß die Minerale des Thoriums und Urans in geringer Menge eine Substanz enthalten, die wesentlich stärker radioaktiv sein mußte als Thorium oder Uran. Dabei konnte es sich um keines der bisher bekannten Elemente handeln, denn alle waren bereits untersucht, es mußte also ein neues chemisches Element sein. Es war eine äußerst attraktive Aufgabe, diese Hypothese so schnell wie möglich zu prüfen. Sehr an dieser Aufgabe interessiert, legte *Pierre Curie* – wie es uns schien – zeitweilig seine Arbeit an den Kristallen beiseite und beteiligte sich an der Suche nach der neuen Substanz.

Zu den Untersuchungen wählten sie ein Mineral aus, das Pechblende oder Uranpecherz hieß. Die Intensität der von diesem Mineral ausgehenden Strahlung war etwa viermal größer als die des reinen Uranoxyds. Die *Curies* schätzten, daß in dem Mineral höchstens 1 % der unbekannten Materie enthalten sein konnte. Später ergaben Untersuchungen, daß die gesuchte Substanz dort in Konzentrationen von weniger als einem Millionstel Teil auftrat. Durch mühevolle chemische Prozesse trennten *Maria* und *Pierre* die einzelnen Bestandteile der Pechblende voneinander. Sie stellten fest, daß die Konzentration der Substanzen, die die Quelle der geheimnisvollen Strahlungen waren, in einigen Fraktionen zunahm. Schließlich stellte sich heraus, daß es in dem Mineral mindestens zwei verschiedene radioaktive Elemente geben mußte. Man gab ihnen die Namen Polonium und Radium. Die Mitteilung von der Existenz des ersteren wurde im Juli 1898 veröffentlicht, des letzten im Dezember desselben Jahres.

In der Zeit, die zwischen den beiden wissenschaftlichen Meldungen lag, konnten es sich *Maria* und *Pierre* erlauben, an die so notwendige Erholung zu denken. Diesmal verbrachten sie den Urlaub in einem Bauernhaus in Auroux in der Auvergne. Sie unternahmen oft Ausflüge in die bergige Umgebung, badeten in den Gebirgsbächen, besichtigten Höhlen und diskutierten über ihre Arbeit. Nach ihrer Rückkehr nach Paris wurde *Maria* von einem unerwarteten Kummer getroffen. Die Familie *Dluski* beschloß, nach Polen zurückzukehren und sich in Zakopane niederzulassen. Sie hatten die Absicht, dort ein Sanatorium für Lungenkranke einzurichten.

Du kannst Dir nicht vorstellen, welche Leere Du bei mir hinterlassen hast, mit Euch habe ich alles verloren, was für mich außer meinem Mann und meinem Kind in Paris Wert besaß. Jetzt kommt es mir so vor, als ob es in Paris nur noch unsere Wohnung und die Schule, in der wir arbeiten, gäbe, alles andere ist mir gleichgültig, als ob es nicht vorhanden wäre,

schrieb *Maria* der Schwester dann. Zum Glück beanspruchten die wissenschaftlichen Forschungen voll und ganz die Zeit der jungen Wissenschaftlerin. Es gab noch so viel zu tun! Die neuen Elemente waren ja nur auf der Grundlage einer ihrer physikalischen Eigenschaften erforscht worden, der Strahlung. Man hatte hingegen noch keine chemische Identifizierung vorgenommen, und es fehlte der gewöhnliche, jedoch sehr notwendige Nachweis, der hinsichtlich aller bisher bekannten Elemente geführt worden war. Der einzige, wenn auch deutliche Beweis für das Vorhandensein der neuen Substanzen war ihre Strahlung und ihr Auftreten in zwei völlig unterschiedlichen Fraktionen: Polonium trat zusammen mit Wismut und Radium zusammen mit Barium auf. Es mußte sich also um zwei chemische Stoffe handeln.

Die Herauslösung des Poloniums aus der Wismutfraktion und des Radiums aus der Bariumfraktion erschien theoretisch möglich. Um diese Aufgabe zu bewältigen, waren jedoch wesentlich größere Mengen des Ausgangsmaterials Pechblende notwendig als die, über die das Ehepaar *Curie* verfügte. Das ganze Unternehmen erforderte bereits Maßnahmen größeren Umfangs — wesentlich größere Räume als die bisher mit Gerümpel vollgestopfte Arbeitsstätte, Helfer und vor allem Geld.

Der Rohstoff, das heißt Pechblende, war teuer, und ein Kauf kam nicht in Frage. Der Hauptlieferant dieses Rohstoffs war zu jener Zeit eine Grube in Jáchymov in Böhmen, die der österreichischen Regierung unterstand. Aus dem kostbaren Mineral der Pechblende wurden Uransätze gewonnen, die in der Glasindustrie verwendet wurden. *Maria* gelangte jedoch zu der Schlußfolgerung, daß das gesamte Radium und ein Teil des Poloniums in den nach der Herauslösung des Urans entstehenden Abfällen vorhanden sein müsse, die bisher als wertlose Rückstände angesehen wurden. Dank der Unterstützung der Akademie der Wissenschaften in Wien gelang es den Forschern, einige Tonnen jener Abfälle zu günstigen Bedingungen zu erwerben.

Jetzt mußte man deren Verarbeitung organisieren. Die Raumfrage bedurfte einer dringenden Lösung. Das Ehepaar *Curie* nahm zu diesem Zweck einen verlassenen Schuppen im Hof der Städtischen Schule für Physik und Industrielle Chemie in Beschlag. Die Meßapparatur hingegen verblieb an ihrem alten Platz — in der Arbeitsstätte im Erdgeschoß des Instituts.

Der Schuppen hatte einen Betonfußboden, das Dach war verglast, an einigen Stellen regnete es durch, die Wände waren aus Brettern gezimmert. Seine Ausstattung bestand aus alten, gebrauchten Holztischen, einer Tafel und einem kleinen eisernen Ofen, der leider nur einen Fehler hatte, er wärmte nämlich kaum. Der wesentlichste Mangel war jedoch, daß es keinen chemischen Abzug gab, der zur Abführung der so gesundheitsschädlichen, giftigen, beißenden Dämpfe oder Gase, die bei der Durchführung chemischer Versuche auftraten, unentbehrlich war. Und schließlich ging es in diesem Fall nicht um vereinzelte Reaktionen, sondern um die Verarbeitung ganzer Tonnen von Erz. Man bemühte sich also, die chemischen Versuche auf dem Hof vorzunehmen. Das war jedoch nur bei schönem Wetter möglich. Bei schlechtem Wetter mußte im Schuppen gearbeitet werden, wobei lediglich die Fenster geöffnet wurden. *Eve Curie* stellte fest:

Der Schuppen in der Rue Lhomond bildete die Quintessenz aller nur möglichen Unbequemlichkeiten. Im Sommer herrscht unter seinem Glasdach eine wahre Treibhaushitze. Im Winter weiß man nicht, welches Übel das kleinere Übel ist: Frost oder Regen. Regnet es, so tropft das Wasser mit aufdringlicher Regelmäßigkeit auf den Fußboden oder auf den Arbeitstisch, dessen bedrohte Stellen das Ehepaar genau markiert, um dort niemals einen der Apparate stehen zu lassen. Wenn es friert, friert man — dagegen gibt es kein Mittel. Der bis zur Weißglut erhitzte Ofen wird nur zur Quelle der Enttäuschung — ganz in seiner Nähe ist es zwar warm, sobald man sich ein paar Schritte von ihm entfernt, ist es wieder eiskalt.
Es ist übrigens besser, daß *Maria* und *Pierre* sich an Temperaturschwankungen und selbst das schlechteste Wetter von vornherein gewöhnen. Die meisten Versuche müssen sowieso im Freien, auf dem Hof, durchgeführt werden, da es keinen Abzug für die Gase gibt. Nur bei einem plötzlichen Regenguß müssen die Gelehrten ihre Apparate schleunigst in den Schuppen zurücktragen und durch Öffnen von Tür und Fenstern künstlichen Durchzug machen, ohne den man dort leicht ersticken könnte.

Unter solchen Bedingungen arbeiteten *Maria* und *Pierre,* meist ohne jegliche Hilfe, vier Jahre lang. Allmählich erhielten sie Fraktionen von immer größerer Radioaktivität. Die Ehepartner mußten sich ihre Aufgaben teilen. *Maria* befaßte sich mit der chemischen Gewinnung der Präparate, die sich durch eine stärkere Radioaktivität auszeichneten. *Pierre* dagegen untersuchte deren Eigenschaften.
Die Arbeit überstieg ihre Kräfte. *Maria* erinnerte sich später:

Ich habe bis zu 20 kg Substanz auf einmal verarbeitet. Wir mußten in unserem Schuppen riesige Behälter aufstellen, die Flüssigkeiten und Bodensatz enthielten. Diese Behälter von einer Stelle zur anderen zu tragen und deren Inhalt umzugießen, war eine kräftezehrende Arbeit. Auch das stundenlange Kochen dieser Massen und das unaufhörliche Rühren mit einem Eisenstab ermüdeten mich. Ich trennte Bariumchlorid ab, das zusammen mit dem Radium auftrat und ließ es in der Fraktion kristallisieren. Das Radium konzentrierte sich in den am wenigsten lösbaren Teilen. Auf diese Weise gelang es mir, reines Radiumchlorid abzutrennen. Die sehr sorgfältigen Arbeiten der letzten Kristallisierungen wurden durch den Eisen- und Kohlestaub erschwert, vor dem man sich in einem derart schlecht eingerichteten Laboratorium nicht schützen konnte.
Es bereitete uns eine besondere Freude, daß alle unsere mit Radium angereicherten Substanzen von selbst leuchteten. *Pierre,* der sie in schönen Farben sehen wollte, gab zu, daß diese überraschende Eigenschaft ihm größere Genugtuung bereite als er angenommen hatte.

Das war jedoch eine durch ungewöhnliche Aufopferung erkaufte Freude:

Es war wie ein Schöpfungsakt von etwas aus nichts, und wenn meine Studienzeit, wie *Kazimierz Dluski* es nannte, eine „heroische Zeit" in meinem Leben war, so kann ich ohne Übertreibung sagen, daß diese Jahre sowohl für mich als auch für meinen Mann einen heroischen Zeitabschnitt unseres gemeinsamen Lebens darstellten.

Die Gelehrte bekannte weiter:

Dennoch verbrachten wir eben in diesem elenden Schuppen die besten und glücklichsten Tage dieses Lebens, das ausschließlich der Arbeit gewidmet war...
Wir waren zu jener Zeit völlig von dem neuen Wissensgebiet in Anspruch genommen, das sich uns durch die unerwartete Entdeckung eröffnet hatte. Trotz der schwierigen Arbeitsbedingungen waren wir sehr glücklich. Wir verbrachten ganze Tage im Laboratorium. In unserem notdürftig eingerichteten Schuppen herrschte große Ruhe, manchmal, wenn wir irgendeinen Versuch überwachten, gingen wir auf und ab und sprachen über die gegenwärtige und die künftige Arbeit. Wenn uns kalt war, brachte uns ein Glas heißen Tees wieder auf die Beine. Wir hatten nur einen Gedanken: es war wie im Traum.
In unserem Laboratorium sahen wir kaum jemanden. Von Zeit zu Zeit kam einer der Physiker oder Chemiker zu uns, der unsere Versuche betrachten wollte oder sich bei *Pierre Curie* Rat holen wollte, dessen Kompetenz in einigen Bereichen der Physik allgemein bekannt war. Dann begannen Gespräche an der Tafel, die ich in guter Erinnerung bewahrt habe, denn sie weckten das wissenschaftliche Interesse und den Arbeitseifer, wobei sie den Fluß der Überlegungen nicht unterbrachen und die Atmosphäre der Ruhe und Konzentration nicht störten, die wahre Atmosphäre der Laboratorien.

Im Sommer 1899 unternahmen *Maria* und *Pierre* die erste und übrigens einzige Reise nach Polen. Es war nach der Heirat zugleich der erste Aufenthalt der jungen Wissenschaftlerin in ihrem Vaterland. Die *Curies* verbrachten ihren Urlaub nicht in Warszawa, sondern in Zakopane. Dort wohnten die *Dluskis*, die bereits dabei waren, ihr Sanatorium für Lungenkranke einzurichten.

Maria und *Pierre* wohnten im Pensionat von Frau *Eger*. Hier befand sich bereits die gesamte Familie der Wissenschaftlerin, der Vater und die Geschwister. Es ging allen gut. Der Vater fühlte sich ausgezeichnet, obgleich er nicht mehr der Jüngste war. Der bereits verheiratete Bruder *Józef* hatte sich in Warszawa niedergelassen. Er war dort ein bekannter Arzt. Dort war auch die Schwester *Helena* als sehr begabte Lehrerin tätig. Ihr Mann *Stanislaw Szalay* war ein hervorragender Photograph. Im Kreis der gut aufeinander eingespielten Familie fühlte sich *Pierre* ausgezeichnet. Er verstand übrigens die polnische Sprache und benutzte sie im alltäglichen Umgang, was die Begeisterung der Umgebung hervorrief. Weniger hingegen gefiel ihm die Tatra mit ihrem strengen Klima und ihrer rauhen Natur. Erst Ausflüge in die Berge änderten seine Meinung. Sehr beeindruckt war er vor allem von einem Ausflug auf den Rysy-Gipfel.

Den nächsten Urlaub (1900) verbrachte die Familie *Curie* an der Küste der Normandie, wobei sie die Gegend von Le Havre bis Saint Valérie an der Somme besuchten.

Es waren jedoch nur kurze Augenblicke der Entspannung, die die viele Monate anhaltende intensive Arbeit im Laboratorium unterbrachen. Am besten konnten das die Ergebnisse ihrer Arbeit belegen. Im Verlaufe zweier Jahre, von 1898 bis 1900, veröffentlichte *Maria Curie* selbst oder gemeinsam mit ihrem Mann 13 wissenschaftliche Arbeiten über die Eigenschaften der radioaktiven Elemente.

Beide stellten z. B. fest, daß Radium auf einer einige Millimeter entfernten Platte Radioaktivität hervorruft. Heute wissen wir, daß es sich dabei um die auch auf jene Platte auftreffenden radioaktiven natürlichen Zerfallsprodukte handelte.

Maria versuchte auch, das Atomgewicht des Radiums festzustellen. Sie verfügte jedoch nicht über das reine Salz dieses radioaktiven Metalls, sondern nur über Bariumchloridpräparate, in denen das geheimnisvolle Element als verschwindend geringer und quantitativ nicht zu bestimmender Anteil auftrat. Die Gelehrte überzeugte sich lediglich davon, daß die Barium-Radium-Mischung ein deutlich größeres Atomgewicht aufwies als reines Barium.

Die *Curies* überzeugten sich auch davon, daß die Strahlung der radioaktiven Elemente, damals Becquerel-Strahlung genannt, ganz deutliche chemische Auswirkungen zeigte. Sie verursachte die Umwandlung von Sauerstoff in dessen aktive Modifikation — Ozon. Man beobachtete auch eine Verfärbung von Glas und das Aufleuchten fluoreszierender Substanzen, wie z. B. Bariumplatinzyanid $[Pt(CN)_4]Ba.4H_2O$, von denen man wußte, daß sie auch unter dem Einfluß von Röntgenstrahlen aufleuchten.

Pierre untersuchte die Einwirkung des Magnetfeldes auf die Becquerel-Strahlung. Er überzeugte sich davon, daß sie nicht einheitlich war.

Ein Teil, die sog. Alpha-Strahlung, wurde nur wenig abgelenkt. Das waren, wie Untersuchungen erwiesen, Ströme positiv geladener Teilchen. Später wurde festgestellt, daß es sich dabei um Atomkerne eines der leichtesten Elemente, des Heliums, handelte. Während das Ehepaar *Curie* die ersten Arbeiten durchführte, kannte man jedoch weder den Begriff „Atomkern" noch die Ursache und den Mechanismus der radioaktiven Umwandlungen.
Ein gewisser Teil der Radiumstrahlung wurde vom Magnetfeld deutlich in der der Alpha-Strahlung entgegengesetzten Richtung abgelenkt, in der gleichen Richtung wie die von woanders her bekannte Katodenstrahlung. Das waren Ströme negativ geladener Teilchen — Elektronen. Man nannte sie Beta-Strahlen. Auf andere Strahlen schließlich hatte das Magnetfeld überhaupt keine zu beobachtende Wirkung. Das waren den Röntgenstrahlen ähnliche Gamma-Strahlen, die jedoch — wie festgestellt wurde — ein wesentlich größeres Durchdringungsvermögen als jene aufzuweisen hatten.
1900 fand in Paris ein internationaler Kongreß der Physiker statt. *Pierre* und *Maria* bereiteten ein umfangreiches Referat vor, das eine Zusammenfassung des Wissens über die neu entdeckten radioaktiven Substanzen darstellen sollte. Ein großer Teil der damals vorgelegten Informationen stammte aus den persönlich von den *Curies* durchgeführten Arbeiten, und ihr Referat stand im Mittelpunkt des Interesses der am Kongreß teilnehmenden Physiker.
Pierre und *Maria* setzten ihr heldenhaftes Ringen fort. Sie arbeiteten, ohne sich des überaus ernstzunehmenden Einflusses bewußt zu sein, den die radioaktiven Körper auf den lebenden Organismus ausüben. Dieser Einfluß hat nichts mit der chemischen Natur dieser Substanzen und der damit verbundenen toxischen Wirkung zu tun. Wie später festgestellt worden ist, ist für den ungeschützten menschlichen Organismus gerade jene Strahlung der radioaktiven Elemente gefährlich, die u. a. das Aufleuchten der sie umgebenden Materie hervorruft. Unterdessen beobachteten die *Curies* besonders gern und mit großer Genugtuung eben jenes Aufleuchten. *Maria* schrieb später:

Es kam auch vor, daß wir unser Königreich abends betraten. Die kostbaren Materialien, die wir nicht speziell unterbringen konnten, blieben in den Regalen und auf den Tischen liegen, und von allen Seiten begrüßten uns verstreut bleiche Lichter, die den Eindruck machten, als hingen sie in der Dunkelheit. Sie bildeten für uns stets eine neue Quelle der Rührung und des Entzückens.

Das Ausmaß der bei den Untersuchungen durchzuführenden Arbeiten überstieg selbstverständlich die physischen Möglichkeiten zweier Menschen, die schließlich auch noch mit anderen Pflichten beladen waren. *Pierre* hielt Vorlesungen, hatte seine Studenten; außerdem war da das Kind, das Haus usw. Daher mußten sich die *Curies* auch nach Mitarbeitern umsehen.

Bei den schweren Arbeiten half ihnen manchmal aus eigenem Antrieb ein Laborant mit Namen *Petit,* der gewöhnlich mit *Pierre* die Versuche vorbereitete, die die Studenten durchführten.

Wahrscheinlich 1900 hatte Professor *Curie* Gelegenheit, mit *André Debierne,* einem Chemiker und Assistenten von Prof. *Friedel,* zusammenzutreffen. *Pierre* schlug *Debierne* vor, bestimmte Untersuchungen an radioaktiven Substanzen durchzuführen. Der begabte Chemiker begeisterte sich für diese Arbeit. Im Ergebnis der Versuche entdeckte er ein bisher unbekanntes radioaktives Element, das er Aktinium nannte.

Debierne freundete sich rasch mit der gesamten Familie *Curie* an. Er hielt sich nicht nur oft im Schuppen in der Rue Lhomond auf, in dem die epochemachenden Radiumforschungen durchgeführt wurden, sondern weilte auch häufig im Haus Nr. 108 im Boulevard Kellermann.

Selbst ein so günstiger Verlauf der wissenschaftlichen Arbeiten, die schließlich grundlegende Eigenschaften der Materie betrafen, konnte die Bedürfnisse des täglichen Lebens nicht verdecken, obwohl die *Curies* ganz und gar nicht anspruchsvoll waren. 1900 gelangten sie zu der unumstößlichen Überzeugung, daß es notwendig sei, sich um ein höheres Einkommen als bisher zu bemühen. Die Ausgaben überschritten nämlich allmählich die Einnahmen aus ihrem Verdienst.

Wenn *Pierre* einen Lehrstuhl an der Sorbonne erhielte, wäre die Angelegenheit gelöst. Ihr Einkommen würde dann auf 10 000 Francs jährlich ansteigen. Gleichzeitig hätte der Wissenschaftler weniger Lehrveranstaltungen mit den Studenten. Der Gipfel aller Träume wäre es, gleichzeitig ein eigenes Laboratorium mit entsprechender technischer Ausstattung und einige Assistenten zu bekommen.

Unerwartet erhielt *Pierre* im Sommer des Jahres 1900 vom Dekan der Genfer Universität den Vorschlag, dort einen Lehrstuhl für Physik zu übernehmen. Der Vorschlag ging mit der Versicherung einher, daß die Schweizer bereit seien, für einen Wissenschaftler dieses Ranges ein höheres Gehalt als sonst zu zahlen. Man plante, das zum Lehrstuhl gehörende physikalische Laboratorium gemäß den Bedürfnissen und Wünschen *Pierres* zu vergrößern. *Maria* wurde auch eine offizielle Stellung in diesem Laboratorium zugesichert. Außerdem wäre das Leben in Genf bestimmt ruhiger — was den Wünschen und Veranlagungen beider Wissenschaftler sehr entgegenkäme.

Pierre konnte sich jedoch nicht zu der Veränderung entschließen, die für ihn, seine Frau und die ganze Familie sowie für die von ihm geliebte Arbeit in jeder Hinsicht vorteilhaft gewesen wäre. Er fürchtete eine Unterbrechung der Untersuchungen über das Radium, eine Unterbrechung, die im Endeffekt nicht allzu lange gedauert hätte.

Der französische Mathematiker *Henri Poincaré*, der *Pierre* um jeden Preis in Frankreich halten wollte, nutzte die Lage aus. Dank der Unterstützung dieses Wissenschaftlers erhielt *Pierre Curie* einen Lehrstuhl für Physik am Seminar PCN[1]) an der Sorbonne. An diesem Seminar wurden Kandidaten auf das Studium an der Mathematisch-Naturwissenschaftlichen Fakultät im Bereich der physikalischen, chemischen und Naturwissenschaften vorbereitet. Er hatte dort jedoch keinen Platz für ein Laboratorium, in dem er Untersuchungen hätte vornehmen können. Er erhielt nur ein kleines Arbeitszimmer für sich und einen Übungsraum. Außerdem setzte *Pierre* die Vorlesungen an der Städtischen Schule für Physik und Industrielle Chemie fort, an der ihm der bereits bekannte Schuppen für seine Forschungsarbeiten über die Radioaktivität zur Verfügung stand. Diese große Zahl an Unterrichtsstunden hinderte ihn daran, die wissenschaftliche Arbeit erfolgreich fortzusetzen.

Zur gleichen Zeit erhielt auch *Maria* eine Stellung. Sie erhielt die Berechtigung, an der sog. Ecole normale supérieure pour filles (Hochschule für Mädchen) in Sèvres bei Paris Vorlesungen über Physik zu halten. Von ihrer Aufgabe durchdrungen, bereitete Frau

---

[1]) PCN — Physique, Chimie, Sciences Naturelles — Seminar für Physik, Chemie und Naturwissenschaften für Medizinstudenten.

Curie die Vorlesungen und Seminare mit großem Arbeitsaufwand vor. Sie führte neue Methoden ein und hielt eigenwillige Vorlesungen. Prof. *Lucien Poincaré*, der Rektor der Universität in eigener Person, beglückwünschte sie dazu. Niemand wurde jedoch gewahr, wieviel die Wissenschaft dadurch verlor. *Pierre* und *Maria* hatten jetzt für ihre Forschungen bedeutend weniger Zeit als vorher.

Die Arbeitsbedingungen zwangen *Pierre* schließlich dazu, in gewissem Maße von den Prinzipien abzugehen, denen er bisher unnachgiebig gehuldigt hatte. Er begann, sich um einen größeren Raum im Seminar PCN zu bemühen.

Es war zweifellos ein psychisch, physisch und materiell schwerer Zeitabschnitt im Leben des Ehepaars *Curie*. Die einzige Befriedigung boten ihnen eigentlich nur die Ergebnisse der wissenschaftlichen Forschungsarbeit. Sie waren sich jedoch zugleich dessen bewußt, daß die Ergebnisse viel besser sein könnten und viel schneller erreicht werden könnten, wenn sie sich voll und ganz den geliebten Untersuchungen hingeben könnten.

Die Lebensbedingungen wirkten sich auf den Gesundheitszustand, das Leistungsvermögen und das Aussehen aus. *Pierre* begann, an starken Anfällen von Muskelschmerz zu leiden, die ihn mehrmals ans Bett fesselten. *Maria* lebte in einer unerträglichen nervlichen Anspannung, da sie der körperlichen Schwäche nicht nachgeben wollte. Außerdem aßen beide sehr wenig und äußerst unregelmäßig. Es war also nicht weiter verwunderlich, daß *Maria* im Laufe von vier Jahren Arbeit im Schuppen in der Rue Lhomond sieben Kilo abgenommen hatte.

Dieser Lebensstil und das Aussehen der beiden Eheleute riefen unter den ihnen Nahestehenden ernste Besorgnis hervor, und beunruhigt schritten sie ein. Der sehr besorgte nahe Mitarbeiter und Freund des Hauses *Georges Sagnac*, ein junger Physiker, nahm sich in einem Brief an *Pierre* die Freiheit, offen zu schreiben:

Als ich Frau *Curie* in der Société de Physique sah, war ich von ihrem veränderten Aussehen betroffen. Ich weiß, daß sie gegenwärtig durch die Vorbereitungen auf ihre Dissertation überarbeitet ist. Aber bei der Gelegenheit habe ich bemerkt, daß ihre Kräfte durch diesen ausschließlich der geistigen Arbeit gewidmeten Lebensstil, den Sie beide führen, überfordert sind, und das, was ich schreibe, sollten Sie auch auf sich beziehen . . .

Die Gleichgültigkeit oder der Widerstand, auf den Sie bei ihr stoßen können, wird für Sie keine Entschuldigung sein. Ich stelle mir schon die Reaktion vor: „Sie hat keinen Hunger, sie ist erwachsen und weiß selbst, was sie tun und lassen soll." Irrtum! Sie verhält sich zur Zeit eben wie ein Kind. Ich sage Ihnen das mit allem Nachdruck, als Ihr Freund.

Sie verwenden zu wenig Zeit für Ihre Mahlzeiten. Sie essen zu den verschiedensten Zeiten, abends so spät, daß der durch den Hunger gereizte Magen überhaupt den Dienst versagt. Obwohl irgendwelche Untersuchungen Sie manchmal dazu veranlassen können, das Mittagessen später einzunehmen, so sollten Sie doch daraus keine Regel machen ... Es ist notwendig, daß Sie aufhören, jeden Augenblick Ihres Lebens mit Ihrer wissenschaftlichen Arbeit zu verflechten. Man muß dem Körper eine Atempause gönnen ...

Die *Curies* waren nicht davon überzeugt. Sie glaubten z. B., daß sie sich im Sommer erholen würden, wenn sie die Räder nähmen und Paris verließen. Sie streiften dann durch verschiedene zauberhafte Gegenden Frankreichs. Da sie jedoch über keine entsprechende körperliche Kondition verfügten, hätten sie diese Radtouren maßvoller unternehmen sollen. Außerdem fühlte sich *Pierre* nach einigen am selben Ort verbrachten Tagen durch das Nichtstun gelangweilt, und es kam ihm so vor, als verlöre er unnütz Zeit — er wäre froh, nach Paris zurückzukehren.

1902 erkrankte *Marias* Vater schwer, und nach einer gelungenen Operation verschlimmerte sich sein Gesundheitszustand plötzlich sehr. *Maria* kam nicht mehr rechtzeitig nach Warszawa. Sie erschien nur noch zum Begräbnis.

Nach Paris kehrte sie sehr abgespannt zurück. Sie vernachlässigte ihre normalen Pflichten nicht, führte sie jedoch ohne Begeisterung aus. Selbst die Arbeiten im Laboratorium erfüllten sie nicht mit innerer Befriedigung. Sie war so erschöpft, daß bei ihr damals bestimmte Anzeichen von Somnambulismus auftraten — schlafend stand sie nachts auf und ging unbewußt in ihrer Wohnung hin und her.

Trotzdem arbeitete *Maria Curie* hartnäckig und erreichte immer neue wissenschaftliche Ergebnisse. Im gleichen Jahr gelang es ihr endlich, ein zehntel Gramm reines Radiumchlorid zu gewinnen. Es gelang ihr auch, das ungefähre Atomgewicht dieses radioaktiven Elements anzugeben. Es erwies sich als sehr hoch und stellte einen Beweis für die Besonderheit des Radiums dar. Die erzielten Ergebnisse bildeten die Grundlage für die Dissertation, die *Maria* 1903 beendete und einreichte.

Gleichzeitig wurden andere, merkwürdige Eigenschaften des Radiums entdeckt. Man stellte z. B. fest, daß es ebenso wie Thorium ein Gas absonderte, eine sogenannte Emanation, die ebenfalls radioaktiv war. Als man diese Emanation luftdicht in eine Glasröhre einschloß, verschwand sie allmählich. *Pierre* untersuchte das Verschwinden dieser Emanation und stellte die Gesetzmäßigkeit fest, der die Geschwindigkeit dieses Schwunds folgte.

1903 stellten *Pierre Curie* und *A. Laborde* fest, daß Radium Wärme abgab. Dieses Element, das äußerlich keinen Veränderungen unterlag, erwärmte sich unaufhörlich, Tag und Nacht, unabhängig von den äußeren Bedingungen, ohne jegliche Verbrennung oder andere chemische Veränderungen und setzte Energie aus seinem Innern frei. Zu *Pierre Curies* Zeiten war das wissenschaftlich nicht erklärbar. Erst später wurde festgestellt, daß das Radium bei der Umwandlung in die Emanation, heute Radon genannt, aus seinen Atomkernen einen Schwarm kleinster Körper hinausschleudert: die Alpha-Strahlen, bzw. Heliumkerne. Diese Teilchen, die eine große Bewegungsenergie besitzen, bleiben in der umgebenden Materie stecken, ihre Energie wird in Wärme umgesetzt.

An dieser Stelle ist es angebracht, eine kleine Rückblende vorzunehmen und auf eine weitere sehr wichtige Eigenschaft der Radiumstrahlung aufmerksam zu machen. Bereits im Jahre 1900 stellten die beiden deutschen Forscher *Walkhoff* und *Giesel* fest, daß sie lebende Organismen beeinflußt. Als *Pierre Curie* davon erfuhr, setzte er seinen Arm einige Stunden lang der Wirkung der Radiumstrahlung aus. Die Folge war eine Brandwunde, die lange Zeit nicht heilen wollte. Der Wissenschaftler verfolgte die Entwicklung der nach der Verbrennung auftretenden Veränderungen mit dem gleichen Interesse, mit dem er einst die Piezoelektrizität oder die magnetischen Erscheinungen untersucht hatte. Die Ergebnisse seiner Beobachtungen legte er dann der Akademie der Wissenschaften in einem speziellen Bericht dar:

Die Haut wurde auf einer Fläche von 6 cm^2 gerötet. Es sah nach einer Verbrennung aus, schmerzte jedoch kaum oder gar nicht. Nach einiger Zeit wurde die Rötung stärker, ohne sich jedoch auszubreiten. Am zwanzigsten Tag bildete sich Schorf, dann eine Wunde, die verbunden wurde. Am zweiundvierzigsten Tag begann die Oberhaut sich an den

Wundrändern neu zu bilden und nach der Mitte bildete sich Granulationsgewebe. Jetzt hingegen, zweiundfünfzig Tage nach dem Einwirken der Strahlen bleibt auf der Wunde nur noch eine Fläche von 1 cm^2 zurück, deren ein wenig graue Färbung zeigt, daß hier die Verbrennung tiefer gegangen ist.

Auch *Maria Curie*, die in einer dicht verschlossenen Kapsel einige Zentigramm stark radioaktiver Substanz bei sich trug, erlitt die gleichen Verbrennungen. Sie selbst schrieb über diese Erscheinungen:

Außer diesen letztgenannten Reaktionen beobachteten wir an unseren Händen während der Experimente mit hochradioaktiven Stoffen verschiedene andere Erscheinungen. Die Haut der Hände neigte allgemein zur Schuppenbildung. Die Fingerspitzen, in denen wir die Röhrchen oder Kapseln mit den hochradioaktiven Substanzen hielten, wurden hart und schmerzten manchmal sehr stark. Bei einem von uns dauerte die Entzündung der Fingerspitzen zwei Wochen und endete mit einer völligen Häutung, die Schmerzempfindlichkeit war jedoch selbst nach zwei Monaten noch nicht ganz behoben.

Henri Becquerel trug sogar eine gewisse Zeit lang ein Glasröhrchen mit Radiumsalz, das er von *Maria* erhalten hatte, in seiner Westentasche. Das rief eine Verbrennung hervor, die schließlich nach sieben Jahren zur Ursache seines frühen Todes wurde.

Pierre Curie ließ es nicht bei den genannten Versuchen an sich selbst bewenden. Zusammen mit zwei ihm bekannten Medizinprofessoren, *Bourchard* und *Balthazard*, ging er zu Experimenten an Tieren über. Es gelang den Forschern nachzuweisen, daß das Radium dazu genutzt werden kann, kranke Gewebe zu zerstören, z. B. bei der Heilung des Lupus und einiger Arten von Geschwülsten, darunter auch bösartiger. Das neue Gebiet der Heilkunde wurde einfach „Curietherapie" genannt.

Das Interesse am Radium nahm immer mehr zu. Trotzdem dachten die *Curies* nicht an persönliche Vorteile:

Pierre Curie bezog auch in dieser Frage einen sehr uneigennützigen und liberalen Standpunkt. Wir hatten beide nicht die Absicht, aus unserer Entdeckung materiellen Nutzen zu ziehen, daher bemühten wir uns auch nicht um ein Patent und gaben alle Ergebnisse unserer Forschungen und die Methoden der Radiumgewinnung stets öffentlich bekannt. Außerdem erteilten wir allen interessierten Personen jede Auskunft, die diese nur erbaten. Das wirkte sich günstig auf die Herstellung des Radiums aus, die sich völlig frei – zuerst in Frankreich und dann in anderen Ländern – entfalten konnte und den Wissenschaftlern und Ärzten die notwendigen Produkte lieferte, schrieb *Maria* später. Die nützlichen und vielfältigen Eigenschaften des Radiums boten nämlich einen Anreiz, zur industriellen Produktion dieses Elements überzugehen. Zuerst wurde sie von der Société Centrale des Produits Chimiques (Zentrale Gesellschaft für Chemische Produkte) aufgenommen, die von dem bereits bekannten *André Debierne* geleitet wurde. 1902 erteilte die Akademie der Wissenschaften dem Ehepaar *Curie* eine Subvention in Höhe von 20 000 Francs. Das ermöglichte es den *Curies*, die Verarbeitung von fünf Tonnen Uranerz in Angriff zu nehmen.

1904 schließlich gründete der französische Industrielle *Armet de Lisle* eine richtige Fabrik zur Herstellung von Radium. Er veranlaßte, daß *Maria* und *Pierre* einen Raum erhielten, in dem Arbeiten möglich waren, die man im Schuppen in der Rue Lhomond nicht bewerkstelligen konnte.

Vorher traten jedoch noch andere wichtige Ereignisse ein, die den *Curies* den Weg für eine freizügigere Forschungsarbeit bahnten. Im Juni 1903 bat die berühmte britische wissenschaftliche Gesellschaft Royal Institution *Pierre Curie*, ein Referat über das Radium zu halten. Der Wissenschaftler fuhr mit *Maria* nach London. Dort wurde ihm ein begeisterter Empfang bereitet. Unter den Zuhörern befanden sich Gelehrte, deren Namen weltbekannt waren: *Lord Kelvin, Sir William Crookes, Sir Oliver Lodge, Lord John Rayleigh* und *James Dewar.* Das Referat wurde von sehr geschickt ausgeführten Demonstrationen über die Wirkungsweise des Radiums untermalt.

Der Vortrag rief unter den Londonern große Begeisterung und ein lebhaftes Echo hervor. Die zahlreichen Einladungen und Empfänge verwirrten *Pierre* und *Maria*, die dergleichen nicht gewöhnt waren, vollständig.

Im Sommer wurde *Maria*, die über ihre Kräfte arbeitete, von einem Schicksalsschlag betroffen: Sie hatte eine Fehlgeburt. An ihre Schwester *Bronislawa*, die sich inzwischen schon für immer in Zakopane niedergelassen hatte, schrieb sie:

Dieser Vorfall hat mich so erschüttert, daß ich niemandem davon zu schreiben wage. Ich hatte mich so mit dem Gedanken an dieses Kind vertraut gemacht, daß ich völlig verzweifelt bin und mich nicht damit abfinden kann. Schreib mir bitte, ob allgemeine Überanstrengung die Ursache gewesen sein kann, denn ich muß gestehen, daß ich mich nicht geschont habe. Ich habe auf meinen Organismus vertraut, aber jetzt bedauere ich das bitterlich, denn ich habe teuer dafür bezahlen müssen.

Das Kind, ein Mädchen, lebte und sah gesund aus. Und ich hatte es mir so innig gewünscht.

Auch *Pierre* war krank; starke Schmerzanfälle, die von den Ärzten als Rheumatismus angesehen wurden, ließen ihn immer wieder buchstäblich zusammenbrechen. Heute kann man behaupten, daß die Erkrankung sowohl durch allgemeine Erschöpfung und ungenügende Ernährung als auch durch die Einwirkung der radioaktiven Substanzen hervorgerufen wurde, mit denen er in Berührung kam. *Maria Curie* schrieb schließlich selbst:

Wenn man mit stark radioaktiven Stoffen experimentiert, muß man besondere Vorsichtsmaßnahmen ergreifen, um ständig genauer Messungen sicher zu sein. Die im chemischen Laboratorium benutzten Gegenstände und die zu physikalischen Experimenten dienenden Gerätschaften werden in kurzer Zeit radioaktiv und beginnen durch die schwarze Papierumhüllung hindurch auf photographische Platten zu wirken. Die Staubteilchen und die Luft des Arbeitsraumes sowie die eigenen Kleider werden radioaktiv. Die Luft wird elektrisch leitend. In dem Laboratorium, in dem wir arbeiten, ist es schon so weit gekommen, daß nicht einer unserer Apparate genügend isoliert ist.

Viele Jahrzehnte nach dem Tod von *Maria* und *Pierre Curie* waren selbst ihre Notizblöcke immer noch radioaktiv.

Man schrieb November 1903. Die berühmte wissenschaftliche Gesellschaft Royal Society verlieh dem Ehepaar *Curie* eine der bedeutendsten wissenschaftlichen Auszeichnungen der Welt — die Davy Medal. Darin waren die Vornamen beider Ehegatten und ihr Familienname eingraviert.

Am 10. Dezember des gleichen Jahres gab die Akademie der Wissenschaften in Stockholm bekannt, daß der Nobelpreis für Physik zur Hälfte *Henri Becquerel* und zur Hälfte *Maria* und *Pierre Curie* für die Entdeckung der Radioaktivität verliehen wird. Einen Tag später schrieb *Maria* an ihren Bruder *Józef* einen Brief, in dem sie u. a. feststellte:

Man hat uns die Hälfte des Nobelpreises zuerkannt; ich weiß nicht genau, wieviel das ausmacht, glaube aber, daß es gegen 70 000 Francs sein werden. Für uns ist das eine Menge Geld. Ich weiß nicht, wann wir das Geld entgegennehmen, vielleicht erst dann, wenn wir nach Stockholm fahren. Wir sind nämlich verpflichtet, innerhalb von sechs Monaten vom 10. Dezember ab gerechnet, dort einen Vortrag zu halten. Wir sind zu der feierlichen Sitzung nicht gefahren, weil es für uns zu schwierig gewesen wäre. Ich habe mir eine so weite Reise (48 Stunden

ohne Aufenthalt oder mit Zwischenaufenthalten noch länger) nach einem kalten Land in dieser rauhen Jahreszeit nicht zugetraut, wir hätten auch nicht länger als 3 bis 4 Tage bleiben können, da wir unseren Unterricht nicht länger hätten unterbrechen dürfen, so rechneten wir also 10 Tage für die gesamte Reise. Wahrscheinlich fahren wir zu Ostern . . .
Wir werden mit Briefen und Besuchen von Journalisten und Photographen überschwemmt. Der Mensch wäre froh, wenn er sich in ein Mauseloch verkriechen könnte, um seine Ruhe zu haben. Wir erhielten aus Amerika das Angebot, drüben eine Reihe von Vorträgen über unsere Arbeiten zu halten, mit der Anfrage, welche Summe wir dafür verlangen. Wir haben die Absicht abzulehnen, selbst wenn die gebotenen Bedingungen noch so günstig wären. Mit knapper Not sind wir Banketten entgangen, die man uns zu Ehren veranstalten wollte. Mit dem Mut der Verzweiflung lehnen wir alles ab, und die Leute merken, daß nichts zu machen ist. Was wäre das erst in Stockholm gewesen! Die schwedischen Ladies hätten mich doch feierlich empfangen müssen!!!

Ihre Abneigung gegen offizielle Empfänge und Feierlichkeiten war verständlich. Sie lebten jedoch in der Gesellschaft, und es ist nicht möglich, aus den darin üblichen, nicht immer bequemen Formen auszubrechen.
Alles weist darauf hin, daß die *Curies* wie losgelöst von dieser Welt lebten, die im Entstehen begriffen war, die heraufziehen sollte und zu deren Entstehung sie mit ihrer Entdeckung einen so großen Beitrag geleistet haben. Obwohl es ihnen an den für die Entwicklung ihrer eigenen Forschungen so notwendigen materiellen Mitteln fehlte, nutzten sie auch nicht auf vernünftige Weise die sich bietenden Möglichkeiten, sich mit ehrlich erworbenem Geld die wissenschaftliche Arbeit zu erleichtern. Es scheint, daß ihrem Standpunkt ein gewisser Groll auf die Welt zugrunde lag. Beide kannten ihren eigenen Wert, aber angeborene Bescheidenheit und unerfüllte, so oft durch die herrschenden Sitten, Situationen, menschliche Ohnmacht oder fremde Bestrebungen zunichte gemachte Wünsche bewirkten, daß sie sich im engsten Kreise der ihnen nahestehenden Menschen einschlossen, in dem sie sich sicher und frei fühlten. Das hat sie zu einem Leben voller Opfer und Entsagungen verurteilt und sie gezwungen, über ihre Kräfte zu arbeiten.
Wenn sich die *Curies* entschlossen, die 70 000 Francs für den Nobelpreis anzunehmen, so nur deswegen, weil er ihnen von den schwedischen Wissenschaftlern als Beweis für die Anerkennung

ihrer Forschungsarbeit verliehen wurde. In den Augen von *Maria* und *Pierre* stand das nicht „im Widerspruch zum Geist der Wissenschaft“.

Das Geld traf am 2. Januar 1904 in Paris ein. Professor *Curie* konnte sich damals dazu entschließen, die Vorlesungen an der Städtischen Schule für Physik und Industrielle Chemie aufzugeben. Sie wurden von seinem Schüler *Paul Langevin*, einem Physiker, der später weltberühmt wurde, übernommen. *Pierre* hingegen stellte endlich einen Laboranten ein, den er aus eigenen Mitteln bezahlte. Das war allerdings alles, was die *Curies* unternahmen, um die Bedingungen für ihre Forschungsarbeit zu verbessern.

Von den gegenwärtig vorhandenen Mitteln lieh *Maria* ihrer Schwester *Bronislawa* 20 000 Francs zur Fertigstellung des von den *Dluskis* in Zakopane errichteten Sanatoriums. Sie gewährte auch verschiedenen Bekannten und ehemaligen Mitarbeitern, die sich in einer schwierigen materiellen Lage befanden, finanzielle Unterstützung.

Die einzige „Verschwendung“, die sie sich gestattete, bestand darin, daß sie sich in ihrem Haus ein Bad einrichtete und das Zimmer tapezierte. Für sich selbst kaufte sie nicht einmal einen neuen Hut. Die übrige, recht bedeutende Summe legte sie in Wertpapieren an, genauso wie die zusätzlich erworbene Summe von 50 000 Francs aus dem Osiris-Preis, der ihr zusammen mit *Edouard Branly* verliehen worden war.

Das Ehepaar *Curie* vermied jetzt auf jegliche Weise die Kontakte mit der Außenwelt, die sie ermüdeten und die sie fast als unverzeihlichen Zeitverlust betrachteten. Es gelang ihnen jedoch nicht immer, sich zu verstecken und auszuschließen. Dann blieb ihnen nichts weiter übrig, als sich der zwingenden Notwendigkeit zu ergeben und sich z. B. in Briefen an die nächsten Angehörigen oder Freunde zu beklagen. So wendet sich *Pierre* an *Georges Gouy*:

Mein lieber Freund, ich wollte Ihnen schon lange schreiben. Verzeihen Sie, daß ich es nicht getan habe, aber das kommt von dem albernen Leben, das ich gegenwärtig führe. Sie haben ja die übertriebene Vorliebe für das Radium miterlebt, durch die wir alle Vorzüge, eine Tagesberühmtheit zu sein, gründlich genossen haben. Wir sind von Zeitungsschreibern und Photographen aus aller Herren Länder überlaufen worden, die soweit gingen, die Unterhaltung unseres Töchterchens mit ihrem Kindermädchen zu veröffentlichen und unseren schwarz-weißen Hauskater eingehend zu beschreiben. Außerdem haben wir viele Bitten um Geld und Besuche von Autogrammjägern, Snobs, Gesellschaftsmenschen und sogar von Wissenschaftlern erhalten, die uns in unserem, Ihnen wohl bekannten, prächtigen Laboratorium in der Rue Lhomond aufsuchten. All das bedeutet natürlich, daß es im Laboratorium keine ruhige Sekunde zur Arbeit gibt, man dafür aber abends eine umfangreiche Korrespondenz erledigen muß. Dieser Lebensstil macht mich fix und fertig. Vielleicht ist dieser ganze Rummel wenigstens dafür gut, für mich einen Lehrstuhl und ein Laboratorium zu erwirken. Zwar müßte der Lehrstuhl erst geschaffen werden, ein Laboratorium werde ich jedoch vorerst nicht haben. Ich hätte es lieber, wenn es umgekehrt wäre, aber *Liard* will diesen Lärm nutzen, um einen neuen Lehrstuhl für die Universität zu erlangen. Der Lehrstuhl soll ohne festgelegten Lehrplan sein, etwas in der Art des Seminars im Collège de France, ich nehme an, daß ich jedes Jahr das Thema der Vorlesungen wechseln muß, das wird mich viel Mühe und Arbeit kosten.

Inzwischen hatten sich die Arbeitsbedingungen nicht verändert und machten sogar auf den an verschiedene Überraschungen gewöhnten Journalisten *Paul Acker* einen schockierenden Eindruck. Er schrieb dazu im damaligen „Echo de Paris“:

... hinter dem Panthéon, in der engen, dunklen und leeren Rue Lhomond ragen wie auf einem Bild aus einem alten, melodramatischen Roman zwischen grauen und zerkratzten Häusern die Holzwände einer armseligen Baracke in die Luft: das ist die Ecole Municipale de Physique et de Chimie.
Ich überquerte einen Hof, an dessen beklagenswerter Einzäunung empfindlich der Zahn der Zeit genagt hatte, dann ging ich durch ein einsames Torgewölbe, in dem meine Schritte widerhallten und geriet in ein feuchtes Gäßchen. Dort ging in einer Ecke zwischen den Brettern ein kümmerliches Bäumchen ein. Hier waren niedrige, langgestreckte und verglaste Baracken verstreut, in denen ich kleine Flämmchen und verschiedenartige Apparate bemerkte. Kein Laut — eine tiefe und traurige Stille. Selbst der Lärm der Stadt drang nicht bis hierher vor. Ich klopfte auf gut Glück an eine Tür und betrat ein erstaunlich ärmliches Laboratorium. Anstatt eines Fußbodens — ungleichmäßig gestampfter Erdboden, mit Kalk geweißte Wände und ein Dach aus undichten Blechplatten. Ein junger Mann, über eine komplizierte Apparatur gebeugt, hob den Kopf hoch. „Herr *Curie*?“ sagte er. „Er ist da.“ Er nahm sofort seine Arbeit wieder auf. Minuten vergingen. Es war kalt. Wassertropfen fielen aus einem Wasserhahn herab. Zwei oder drei Bunsenbrenner brannten.
Endlich erschien ein großer, hagerer Mann mit einem knochigen Gesicht, einem grauen, struppigen Bart und einer abgetragenen Baskenmütze auf dem Kopf. Das war Herr *Curie* ...

Erschöpfung, der schlechte Gesundheitszustand *Pierres* und *Marias* Schwangerschaft macht beiden die Reise nach Schweden unmöglich, die sie im Sommer 1904 zu unternehmen gedachten. Der große Wissenschaftler war ständig in Eile, als ob er fürchtete, nicht rechtzeitig fertig zu werden. Seine Unruhe teilte sich *Maria* mit, die ständig überarbeitet war und keine Zeit für die notwendige Erholung fand. Es muß betont werden, daß Frau *Curie*, die jetzt über erhebliche Geldreserven verfügte, sich trotzdem nicht dazu entschloß, ihren Unterricht an der Mädchenhochschule aufzugeben — sie fuhr weiterhin nach Sèvres und unterrichtete. Diese vom praktischen Standpunkt her betrachtet unvernünftige Lebensweise führte in der Konsequenz zur Herausbildung innerer Spannungen. Darüber schrieb *Eve*:

... *Pierre* erlebte damals seine Periode der Trägheit und üppigen Leidenschaften ... *Maria* entfernte sich nie auch nur einen Schritt von ihrer Arbeit. Manchmal hatte sie — vielleicht unbewußt — den Wunsch, endlich ganz normale Freuden und ein normales Leben zu genießen, auszuruhen, wenigstens einen Moment lang nur Frau und Mutter zu sein ...

Inzwischen hatte das französische Parlament beschlossen, an der Sorbonne einen Lehrstuhl für Physik einzurichten. Anfang des neuen Studienjahres 1904/05 wurde *Pierre Curie* zum ordentlichen Professor an der Mathematisch-Naturwissenschaftlichen Fakultät der Pariser Universität ernannt.

Es gibt jedoch keine Rosen ohne Dornen. Gemäß dem ursprünglichen Projekt war die Einrichtung eines neuen Lehrstuhls für Physik nicht mit der Einrichtung eines Laboratoriums verbunden, das *Pierre* so notwendig brauchte, um seine Forschungsarbeiten durchführen zu können. Mehr noch, die Übernahme der neuen Stellung konnte dazu führen, daß *Pierre* die bisherigen, wenn auch primitiven, Arbeitsbedingungen einbüßte. Bisher stand dem Gelehrten wenigstens der Schuppen und das Meßgerätezimmer im Erdgeschoß der Schule zur Verfügung.

In dieser eigentlich ausweglosen Situation entschloß sich *Curie* dazu, ein Schreiben an seine Vorgesetzten zu richten, in dem er erklärte, daß er auf die Ehre verzichte, den neuen Lehrstuhl zu übernehmen und seine alte Stellung beibehalte, da er keine Möglichkeit sähe, seine Forschungen ohne Laboratorium und ohne die notwendigen Kredite fortzusetzen. Angesichts des drohenden Skandals beschlossen die Behörden, auch für ein Laboratorium und drei weitere Planstellen — einen Adjunkten, einen Assistenten und

einen Laboranten — zusätzliche Mittel bereitzustellen. Die Stelle des Adjunkten wurde *Maria* zuerkannt.
Inzwischen jedoch, während das neue Laboratorium eingerichtet wurde, gelang es *Pierre*, seinen kleinen Raum in der Städtischen Schule für Physik und Industrielle Chemie zu behalten. Er erhielt auch zeitweilig ein großes Zimmer für die Forschungsarbeiten.
Als er den Lehrstuhl an der Sorbonne übernahm, wurde ihm die Themenwahl der Vorlesungen freigestellt. Er entschied sich also für die Behandlung der Fragen, mit denen er sich besonders verbunden fühlte. Der erste Teil seiner Vorträge umfaßte die Gesetzmäßigkeiten der Symmetrie, der Vektor- und Tensorfelder sowie die Verwendung der Kristalle in der Physik. Er beabsichtigte, diese Problematik dann in einen ganzen Zyklus über die Physik der Kristalle auszuweiten. Dieses Problem, das beim Erkenntnisprozeß der Eigenschaften der Materie von großer Bedeutung ist, war in Frankreich wenig bekannt. Es wirkte sich auch auf andere Wissenschaften aus, so z. B. auf die Mineralogie, die Metallurgie und die Chemie. Außer dem rein wissenschaftlichen Rang dieses Problems war damals auch schon seine praktische Bedeutung abzusehen.
Der zweite Teil der Vorlesungen war natürlich der Radioaktivität und deren Rolle in der Entwicklung der Wissenschaft gewidmet. Es sei hinzugefügt, daß sich der Gelehrte sehr viel Mühe gab, um die Vorlesungen auf Gebieten, die eine Neuheit im Weltmaßstab darstellten, so gut wie möglich vorzubereiten.
In jener Zeit stand *Maria* bereits kurz vor der Entbindung.
Die Geburt des Kindes war schwer. Am 6. Dezember 1904 kam *Marias* zweite Tochter *Eve*, die später Journalistin werden sollte, zur Welt. *Maria* war leider nicht in der Lage, die Kleine zu stillen. Sie bemühte sich um so mehr um das Kind, und die Mutterliebe regte sie zu neuer Aktivität an. Sobald es möglich war, kehrte sie zur Arbeit ins Laboratorium zurück. Sie nahm auch die unterbrochenen Vorlesungen in Sèvres wieder auf. Sie interessierte sich sogar für Politik, besonders für die Ereignisse in Polen und in Rußland, wo gerade eine Revolution ausgebrochen war. An ihren Bruder schrieb sie im März 1905:

Dein Brief, lieber *Józio*, hat mir große Freude bereitet, denn ich sehe, daß Du Dir von dieser schlimmen Prüfung etwas Gutes für unsere Heimat erhoffst. Der gleichen Meinung ist *Bronka*, sie und *Kazimierz* haben ziemlich viel Hoffnung. Wenn diese Hoffnung nur nicht enttäuscht wird, ich wünsche es sehnlichst und denke ständig daran. Auf jeden Fall glaube ich, daß man die Revolution unterstützen muß. Zu diesem Zweck werde ich *Kazimierz* Geld senden, da ich leider nur damit helfen kann.

Im Juni 1905 konnte das Ehepaar *Curie* endlich nach Stockholm reisen. *Pierre* hielt in seinem und *Marias* Namen den berühmten Pflichtvortrag über das Radium und dessen Bedeutung für verschiedene Gebiete der Wissenschaft. Er schloß seinen Vortrag mit folgenden, bei anderen Gelegenheiten oft zitierten Worten:

Wenn man bedenkt, daß das Radium in den Händen von Verbrechern sehr gefährlich werden kann, drängt sich einem die Frage auf, ob es für die Menschheit von Vorteil ist, die Geheimnisse der Natur kennenzulernen, ob sie reif dafür ist, sich ihrer zu bedienen, oder ob ihr dieses Wissen schadet. Ein treffendes Beispiel hierfür bieten gerade die Entdeckungen *Nobels* selbst. Die gewaltigen Explosivstoffe haben die Menschen befähigt, bewundernswürdige Arbeiten auszuführen, aber sie sind auch ein fürchterliches Mittel der Zerstörung in den Händen der großen Verbrecher, die die Völker gegeneinander in den Krieg hetzen. Ich gehöre jedoch zu denen, die mit *Nobel* der Ansicht sind, daß die Menschheit aus neuen Entdeckungen am Ende mehr Gutes als Schlechtes gewinnen wird.

Die Feierlichkeiten in Stockholm fanden in einer festlichen Atmosphäre, allerdings in kleinem Kreis statt. So konnten die *Curies* auch ein wenig Entspannung finden und kehrten in heiterer und ausgeglichener Stimmung nach Paris zurück. Anschließend fuhren sie zur verdienten Erholung nach Carolles in die Normandie, einen abgelegenen Küstenort. Mit ihnen gemeinsam verbrachte *Marias* Schwester *Helena Szalay*, die von ihrem Töchterchen begleitet wurde, den Sommer dort.
Im Häuschen im Boulevard Kellermann vollzogen sich im bisherigen Lebensstil auch gewisse, vielleicht unerwartete Veränderungen. Zweifellos hatte die Gegenwart der Kinder großen Einfluß darauf, deren Welt von der Welt der wissenschaftlichen Forschungen, der Welt der reinen Ideen, die noch vor kurzem beide Ehepartner vollständig in Anspruch nahmen, so verschieden war. Jetzt begann wenigstens *Maria*, ein geregelteres Leben zu führen.
Aus verständlichen Gründen nahm sie die Hilfe von Dienstmädchen in Anspruch, die während ihrer und ihres Mannes Abwesenheit die Kinder beaufsichtigten und das Haus besorgten. Zugleich kümmerte sie sich jedoch sehr um die Kinder. Aber auch die

Kinder wußten sich schon in Erinnerung zu bringen. *Irène* war eine kleine Despotin, sie war herrschsüchtig veranlagt und selbst auf *Eve* eifersüchtig. Da sie beim Essen viele Sorgen bereitete, fühlte sich *Maria* häufig dazu gezwungen, in den Läden nach besonderem Obst für sie zu suchen.

Die *Curies* nahmen jetzt manchmal an den ihnen unangenehmen offiziellen Empfängen teil. Sie sahen ein, daß es sich nicht ziemte, z. B. ausländische Wissenschaftler vor den Kopf zu stoßen, die extra ihretwegen nach Paris gekommen waren. Charakteristisch dabei war, daß *Pierre* dann seinen alten, schon leicht abgenutzten Frack anlegte und *Maria* ihr altes, so oft umgearbeitetes Kleid aus schwarzer Grenadine anzog.

Die beiden besuchten auch Konzerte und gingen ins Theater. Besonders gern besuchten sie Vorstellungen, an denen die berühmte *Eleonore Duse* mitwirkte, und Vorstellungen der sog. Avantgarde, bei denen Stücke von *Ibsen* und anderen zeitgenössischen Bühnendichtern gezeigt wurden.

Sie nahmen auch an spiritistischen Sitzungen mit dem damals berühmten Medium *Eusapia Paladino* teil. Sie waren dabei aufmerksame Beobachter, besonders *Pierre*. Trotz zweifellos vieler aufgedeckter Betrügereien waren sie nicht imstande, alles zu erklären, und das ließ ihnen keine Ruhe. Inzwischen wurde die Frage von *Pierres* Kandidatur für die Akademie wieder aktuell. Bereits 1902 hatten sich seine Freunde um seine Wahl bemüht — leider vergeblich — und unternahmen jetzt fast heroische Anstrengungen, um ihn dazu zu bewegen, sich um diese Auszeichnung zu bewerben, die für eine unabhängigere Fortsetzung der Forschungsarbeiten unentbehrlich war.

E. Mascart schrieb ihm:

Sie sind natürlich als Erster vorgeschlagen, und da Sie keinen ernsthaften Nebenbuhler haben, steht ihre Wahl außer jedem Zweifel. Trotzdem ist es *unumgänglich* notwendig, daß Sie sich ein Herz fassen und allen Mitgliedern der Akademie einen Besuch abstatten. Sie können schließlich bei denen, die Sie nicht zu Hause angetroffen haben, eine Visitenkarte mit *umgebogener Ecke* zurücklassen. Fangen Sie gleich damit an, dann haben Sie die ganze Quälerei in zwei Wochen überstanden.

Professor *Curie* ließ sich diesmal dazu bewegen, gewisse Bemühungen zu unternehmen. Am 5. Juli 1905 wurde er, wenn auch

nicht einstimmig, zum Mitglied der Akademie gewählt. 22 Akademiemitglieder stimmten für den Gegenkandidaten.
Pierre quittierte das mit der bitteren Feststellung:

So bin ich denn Mitglied der Akademie, ohne es gewünscht zu haben und ohne, daß die Akademie mich wollte. So hat man denn auch gegen mich, und zwar sehr geschickt, gearbeitet, außerdem waren die Klerikalen gegen mich und die, denen ich zu wenig Besuche abgestattet hatte. *S.* hat sich bei mir erkundigt, welche Akademiker für mich stimmen würden. Ich habe ihm erwidert: „Ich weiß es nicht, ich habe sie nicht danach gefragt.“ „Das ist es eben, Sie geruhten nicht, danach zu fragen!“ Und jetzt heißt es, ich sei hochmütig.

In jener Zeit betraf die wissenschaftliche Tätigkeit *Pierre Curies* die Radioaktivität mineralhaltiger Gewässer und der daraus entweichenden Gase. Er führte diese Untersuchungen gemeinsam mit *A. Laborde* durch. Als er die Ergebnisse veröffentlichte, konnte er nicht ahnen, daß dies die letzte Arbeit in seiner gesamten wissenschaftlichen Karriere sein sollte.
Seine Frau *Maria* stellte fest:

Seine geistigen Fähigkeiten erreichten in jener Zeit den Höhepunkt ihrer Entwicklung. Man konnte die Sicherheit und Genauigkeit seines Urteilsvermögens im Bereich der theoretischen Physik bewundern, sein klares Erfassen der Hauptprinzipien und sein durchdringendes, tiefgreifendes Erfassen des Wesens der Erscheinungen, das ihm von Natur aus gegeben war und das er während seines ganzen, Forschungen und Überlegungen gewidmeten Lebens ausgebaut und vervollkommnet hat. Seine Geschicklichkeit im Experimentieren, die von früher Jugend an ins Auge stach, hatte sich im Laufe einer langen Praxis noch erhöht. Wenn er schwierige Versuche durchführte, empfand er die Arbeit eines Künstlers nach ... Die wissenschaftliche Redlichkeit und vollständige Richtigkeit seiner Veröffentlichungen lag ihm sehr am Herzen. Diese zeichneten sich sowohl durch eine hervorragende Form als auch durch selbstkritische Haltung und dadurch aus, daß *Pierre* sehr darauf bedacht war, keinerlei Behauptungen aufzustellen, die sich als nicht klar genug erweisen konnten.

Es ist interessant, wie sehr Prof. *Curie* die „Bewegung“ in der Wissenschaft mißfiel, er liebte es nicht, daß der Verlauf der Arbeit durch häufige Publikationen unterbrochen wurde. Er war der Typ eines Gelehrten, für den es wichtig war, ein Problem so genau und so vollständig wie möglich zu erklären, dem jedoch nicht daran gelegen war, Teilergebnisse zu erzielen. Ihn reizten auch Forschungen auf Gebieten, mit denen sich wenig Wissenschaftler beschäftigten. Das war auch der Grund dafür, daß er sich mit der Absicht trug, die Arbeit auf dem Gebiet einzustellen, auf dem er die größten Erfolge verzeichnet hatte. Er wollte dagegen die Forschungen auf dem Gebiet der Kristallphysik wieder aufnehmen. Im April 1906 fuhr er — überarbeitet und von unaufhörlichen Schmerzen geplagt — mit der ganzen Familie, d. h. mit *Maria* und den Töchtern, in das Tal Vallée de Chevreuse, um dort die Osterfeiertage zu verbringen. Das Wetter war schön, die Stimmung gut, er erholte sich also und kehrte in besserer Laune nach Paris zurück.

Am Donnerstag, dem 19. April 1906, einem besonders trüben und regnerischen Tag, nahm *Pierre* an dem vom Lehrerverband der Mathematisch-Naturwissenschaftlichen Fakultät der Sorbonne veranstalteten Frühstück teil. Im strömenden Regen begab er sich zu seinem Verleger *Gauthier-Villars.* Es stellte sich aber heraus, daß das Unternehmen wegen eines Streiks geschlossen war.

In tiefes Nachdenken versunken kehrte er zurück. Er bewegte sich ohne etwas zu sehen zwischen Fußgängern, Pferdewagen und Trambahnen voran. In der Rue Dauphine trat er hinter einer Droschke hervor, um auf die andere Straßenseite zu gelangen. Nach einigen Schritten geriet er unter einen schweren zweispännigen Lastwagen, der in voller Fahrt von der Seinebrücke herkam. Unwillkürlich versuchte er, die Deichsel zu ergreifen, es war jedoch zu spät. Ein Rad des sechs Tonnen schweren Wagens zermalmte ihm den Schädel.

5. EINSAM AUF DEM GIPFEL DES RUHMS

Der plötzliche und völlig unerwartete Tod *Pierre Curies* war für *Maria* der härteste Schicksalsschlag, von dem sie getroffen wurde, und er machte sie für das normale Leben unfähig. In ihr Tagebuch schrieb sie:

Am Sonntag nach Deinem Tod, *Pierre,* bin ich vormittags mit *Jacques* zum ersten Mal wieder ins Laboratorium gegangen. Ich habe versucht, Messungen für eine Kurve zu machen, von der wir noch zusammen einige Punkte festgelegt hatten. Aber ich fühlte, daß ich nicht konnte. Auf der Straße gehe ich wie hypnotisiert, ohne auf irgendetwas zu achten. Ich bringe mich nicht um, ich habe nicht einmal den Wunsch, Selbstmord zu begehen. Ob sich jedoch unter all den vielen Wagen nicht einer fände, der mir das Schicksal meines Liebsten bereiten will?

Trotz ihrer Verzweiflung und der inneren Lähmung konnte *Maria* vor dem Leben nicht entfliehen. Sie hatte ihr Haus und die Kinder. Der Unterricht an der Hochschule mußte weitergehen.
In den ersten Wochen nach *Pierres* Tod erleichterten ihr die ihr am nächsten stehenden Menschen, vor allem ihre Schwester *Bronislawa*, ihr Schwiegervater Dr. *Curie* und der beste Freund *Pierres*, *Georges Gouy*, so gut sie konnten die Arbeit. Ihrem Drängen und später dem eifrigen Bemühen des damaligen Prorektors *Liard* sowie der Professoren *Paul Appell* und *Marcelin Berthelot* war es zu verdanken, daß die Behörden eine außergewöhnliche Entscheidung trafen. Am 13. Mai 1906 faßte der Rat der Mathematisch-Naturwissenschaftlichen Fakultät der Sorbonne einstimmig den Beschluß, die Vorlesungen an dem von *Pierre Curie* innegehabten Lehrstuhl *Maria* zu übertragen. Das war ein großer Einbruch in die bis dahin herrschenden Sitten. Obwohl die Wissenschaftlerin formal nicht zum Professor ernannt wurde, war sie die erste Frau, die in Frankreich eine so hohe Stellung im Hochschulwesen errang. *Maria* selbst kommentierte die ganze Angelegenheit in ihrem Tagebuch wie folgt:

Man hat mir vorgeschlagen, dein Nachfolger zu werden, mein *Pierre*, deine Vorlesungen und die Leitung deines Laboratoriums zu übernehmen. Ich habe angenommen. Ich weiß nicht, ob es richtig oder falsch war. Du hast mir oft gesagt, du würdest dich freuen, wenn ich an der Sorbonne Vorlesungen hielte. Und ich möchte mich wenigstens darum bemühen, unsere Arbeit weiterzuführen. Manchmal scheint es mir, als ob ich dadurch das Leben leichter ertragen könne, ein anderes Mal wieder denke ich, daß es Wahnsinn ist, sich diese Aufgabe vorzunehmen.

Marias geistigen Zustand in jener Zeit belegen am besten ihre eigenen Aussagen, so wie folgende, ebenfalls im Tagebuch notierten Sätze:

Pierre, mein kleiner *Pierre.* Ich möchte dir sagen, daß der Goldregen blüht, daß die Glyzinen, der Hagedorn und die Schwertlilien auch schon zu blühen anfangen. Wie hättest du dich darüber gefreut.
Ich möchte dir auch sagen, daß ich zu deiner Nachfolgerin ernannt worden bin und daß sich ein paar Dummköpfe gefunden haben, die mich dazu beglückwünschten.
Ich möchte dir sagen, daß ich die Sonne nicht mehr liebe und nicht die Blumen, ihr Anblick bereitet mir Schmerzen, ich fühle mich besser, wenn es trübe ist wie am Tage deines Todes, und wenn ich schönes Wetter nicht hasse, dann nur darum nicht, weil die Kinder es nötig haben.

Im Sommer 1906 schickte *Maria* beide Töchterchen *Irène* und *Eve* in die Ferien aufs Land. Selbst hingegen arbeitete sie angestrengt. Sie setzte die Forschungen im Laboratorium fort und bereitete sich auf die Vorlesungen vor. Das ermöglichte es ihr, sich von den dunklen Gedanken zu lösen und allmählich ins normale Leben zurückzukehren.
Dennoch wollte sie nicht länger in dem Häuschen im Boulevard Kellermann wohnen, wo sie so viele Dinge an die unwiederbringliche Vergangenheit erinnerten. Im Herbst entschloß sie sich dazu, nach Sceaux umzuziehen, wo sich *Pierres* Grab befand.
In den Zeitungen wurde die erste Vorlesung *Marias* an der Sorbonne angekündigt und damit die Erwartung dieses Ereignisses ausgedrückt, das für das französische Schulwesen derart ungewöhnlich war:

Frau *Curie,* die Witwe des so tragisch ums Leben gekommenen berühmten Gelehrten, die seinen Lehrstuhl an der Sorbonne übernommen hat, wird am Montag, dem 5. November 1906 um 13.30 Uhr ihre erste Vorlesung halten ...
In ihrer Antrittsvorlesung wird Frau *Curie* die Ionentheorie der Gase entwickeln und die Radioaktivität behandeln.
Die Vorlesung von Frau *Curie* wird in einem der gewöhnlichen Hörsäle der Sorbonne stattfinden. Diese Säle verfügen jedoch durchschnittlich nur über etwa 120 Plätze, die vorwiegend von Studenten besetzt sein werden, für Publikum und Presse, die doch wohl auch gewisse Rechte

haben, bleiben höchstens zwanzig Plätze übrig! ... Könnte man unter diesen besonderen Umständen, die einzig in der Geschichte der Sorbonne dastehen, nicht einmal von der Tradition abgehen und Frau *Curie* wenigstens für ihre Antrittsvorlesung das Auditorium maximum zur Verfügung stellen?

Die Vorlesung fand in einem kleinen Hörsaal statt, in dem nicht alle Platz fanden, die dem Vortrag folgen wollten. *Maria* begann ihren Vortrag an der Stelle, an der *Pierre* seine letzte Lesung unterbrochen hatte:

Wenn man die Fortschritte betrachtet, die in den letzten zehn Jahren auf dem Gebiet der Physik gemacht worden sind, so fällt die Umwälzung ins Auge, die sich in unseren Begriffen über die Elektrizität und die Materie vollzogen hat ...

Die Gelehrte hielt die Vorlesung für die Studenten, als ob niemand im Saal wäre außer ihnen. Mit einer beinahe tonlosen, trockenen, fast monotonen Stimme stellte sie den zeitgenössischen Wissensstand über das Wesen der elektrischen Erscheinungen und den Bau der Materie dar, die sich im Lichte der letzten Entdeckungen zum Teil als unbeständig erwiesen hatte und bei ihrem Zerfall Strahlungen aussendete.

In *Maria Curies* Leben begann damals ein sehr arbeitsintensiver Zeitabschnitt, der jedoch jener Freude entbehrte, die sie einst bei der Durchführung der Forschungsarbeiten gemeinsam mit *Pierre* empfunden hatte. Eine große Hilfe bei der Erziehung der Kinder war der mit ihnen im Hause lebende Schwiegervater *Marias*, Dr. *Curie*. Dieser Mensch, der nicht gläubig war, ein echter Rationalist, ertrug den Tod seines geliebten Sohnes mit stoischer Gelassenheit. Er besuchte auch nie den Friedhof, da er die Angelegenheit als endgültig abgeschlossen betrachtete. Trotz seines fortgeschrittenen Alters — 1906 war er 79 Jahre alt — war er geistig voll auf der Höhe. Besonders an die damals neunjährige Enkelin *Irène* gab er nicht nur seine Kenntnisse aus dem Bereich der Geschichte und der Natur weiter, sondern auch seine Ansichten und Überzeugungen.

Zweifellos wuchs *Irène*, genau wie ihre Schwester *Eve*, in einer etwas eigentümlichen Atmosphäre auf. Um ihre psychische Gesundheit besorgt, schützte *Maria* sie vor übermäßiger Emotionalität und Träumerei, wobei sie bestimmt daran dachte, wieviel sie ihre eigene ungewöhnliche Empfindsamkeit im Leben gekostet hatte. Daher sprach sie auch mit den Kindern nie über den nicht mehr lebenden Vater. Sie erzog ihnen auch kein sentimentales Verhältnis zu Polen an. Beide Töchter beherrschten jedoch die polnische Sprache, reisten nach Polen, und *Maria* flößte ihnen die Liebe zu ihrem ersten Vaterland ein.

Die Mädchen sind nicht getauft worden und wurden nicht religiös erzogen. Auf *Irènes* geistige Haltung und ihr Innenleben hatte großen Einfluß der Großvater, der bekanntlich einen entschieden antiklerikalen Standpunkt bezog.

Irène wurde auf die spätere wissenschaftliche Karriere sehr gut vorbereitet. *Maria* sah, wie schlecht der Unterricht in den Oberschulen des damaligen Frankreich war, wie das Gedächtnis der Kinder nutz- und sinnlos überladen wurde. Gemeinsam mit bekannten Hochschulprofessoren gründete sie also eine spezielle „Schule" für zehn Kinder dieser Freunde, unter denen sich auch *Maria Curies* Töchter befanden. „Eine Handvoll Wissenschaftler", schrieb *Eve Curie*, „versuchte ihr kleines Häufchen nach neuzeitlichen didaktischen Methoden zu unterrichten."

Die Kinder, *Irène* war damals 15 Jahre alt, gingen zum Unterricht in die Arbeitsstätte an der Sorbonne. Mathematik gab *Paul Langevin*, Chemie *Jean Perrin* und Physik Frau *Curie*. Der Bildhauer *Magrou* lehrte sie zeichnen und modellieren. Natürlich wurden auch Geschichte und französische Literatur unterrichtet. *Eve* berichtet:

Jeden Donnerstagnachmittag fanden in einem Arbeitsraum der Ecole de Physique mehrstündige Physik-„Vorlesungen" und „Seminare" statt — das war bestimmt der elementarste Physikunterricht, den diese Mauern je gesehen haben, obwohl er von *Marie Curie* höchstpersönlich gehalten wurde!

Ihre Schüler — von denen einige heute große Gelehrte sind — werden sich immer an diese bezaubernden Stunden und den ungewöhnlichen Charme ihrer Lehrerin erinnern. Sie hat es verstanden, die abstraktesten Erscheinungen so darzustellen, daß sie gleichsam greifbar, klar und leicht verständlich wurden. Sie hat es verstanden, die langweiligen Theorien lustig und lebendig darzubieten. In Tinte getauchte Kugeln rollen eine schiefe Ebene herab und hinterlassen eine Spur, an der die Kinder das Fallgesetz erlernen. Ein Pendel zeichnet seinen gleichmäßigen Ausschlag selbst auf ein rauchgeschwärztes Papier auf ...

Frau *Curie* überträgt ihre Liebe zur Wissenschaft und ihren Arbeitseifer auf die Kinder. Sie bringt ihnen Methoden bei, die sie sich selbst im Laufe langer Arbeitsjahre angeeignet hat. Selbst eine wahre Künstlerin im Kopfrechnen, wollte sie, daß ihre Schüler das auch können: „Man muß dahin kommen, sich niemals zu irren“, erklärt sie ihnen, „das ganze Geheimnis beruht darauf, nicht hastig zu rechnen ...“

Das neue Haus *Maria Curies* und ihrer Familie in Sceaux hatte zwei Vorzüge, es lag in einer für die Gesundheit zuträglichen Gegend und besaß einen ziemlich großen Garten. Die Kinder wuchsen also unter günstigen Bedingungen auf. Für *Maria* war die Lage der Wohnung jedoch sehr unbequem. Sie mußte nämlich mit der Bahn nach Paris fahren, und die eigentliche Fahrt mit dem Zug dauerte eine halbe Stunde. Praktisch gesehen war sie auch den ganzen Tag außer Haus. Ihre Zeit teilte sie zwischen den Vorlesungen und der Forschungsarbeit im Laboratorium.
Als sie das Labor nach dem Tode ihres Mannes übernahm, verringerte sich die Zahl ihrer Mitarbeiter keineswegs, sondern nahm sogar noch zu. Große Unterstützung bei der Organisation der Forschungen und deren Durchführung erwies ihr der damals bereits bekannte französische Chemiker *André Debierne*. Neben den früheren Schülern *A. A. Laborde* und *I.* und *G. Danne* nahmen auch *L. Dunoyer* und *E. Bauer* die Arbeit im Laboratorium auf. Außer ihnen stellte *Maria* viele Ausländer ein: *W. Duane*, *E. Gleditsch*, *S. Lind*, *L. Kolowrat* u. a. Es soll betont werden, daß diesem Kreis auch Polen angehörten: *J. Danysz*, *L. Wertenstein*, *H. Herszfinkel* und *M. Kernbaum*.
Die unter *Marias* Leitung durchgeführten Arbeiten betrafen die verschiedensten Probleme der Radioaktivität. Viele von ihnen zielten darauf ab, die Radioaktivität verschiedener Mineralien und chemischer Verbindungen zu untersuchen. Es wurden genaue Methoden zur Abtrennung bestimmter radioaktiver Substanzen, wie z. B. des *Uran X*, ausgearbeitet. Sehr viel Mühe wurde auf die Abtrennung und Reindarstellung der Emanation (des Radons) verwendet.
Es gelang auch, die Größe des in den gegebenen Präparaten enthaltenen Radiumanteils durch die Messung bestimmbarer Mengen der Emanation genau zu bestimmen. Das waren sehr präzise Messungen. Der Radiumgehalt in den Präparaten war nämlich sehr gering und konnte nicht gewogen werden, besonders beim damaligen Stand der Labortechnik. Man mußte hier andere Methoden anwenden und z. B. die Ionisation der Luft messen, d. h.

sehr bildhaft und ungenau ausgedrückt, den Stand ihrer „Elektrisierung“. Mit dieser Methode konnte man noch eine Radiummenge bestimmen, deren Masse kaum ein milliardstel Gramm ausmachte. Aufgrund dessen war es *Maria* möglich, in ihrer Arbeitsstätte eine spezielle Abteilung für Messungen zu bilden. In dieser Abteilung konnten außenstehende Interessenten — Ärzte, Forscher, Industrielle — den Gehalt von Radium in aktiven Salzen oder Erzen prüfen lassen und erhielten dann ein entsprechendes amtliches Zeugnis über die eingereichten Proben.

In *Marias* Laboratorium wurde auch die Wirkung der Strahlung radioaktiver Körper auf verschiedene Medien untersucht. Dabei wurden die verschiedenen Effekte festgehalten, die diese Strahlungen hervorriefen: Aussendung von Wärme, Aussendung von Licht, chemische und photochemische Effekte sowie die Schwarzfärbung photographischer Emulsion.

Maria war Physikerin und Chemikerin zugleich. Sie konnte also sowohl beide Wissensgebiete in den von ihr durchgeführten Forschungen anwenden als auch ihre Bedeutung für die Entwicklung der Radiologie voraussehen. Diese Frage widerspiegelt sich in der 1910 veröffentlichten Monographie „Notizen über die wissenschaftlichen Arbeiten Frau Curies“.

Die Gelehrte beschreibt darin, wie sie ihre Aufmerksamkeit auf die Ende des 19. Jh. erzielten Ergebnisse physikalischer Untersuchungen gerichtet hat. Damals erkannte man die Natur der Katodenstrahlen, die sich als Ströme von Elektronen erwiesen — Träger negativer elektrischer Ladungen — sowie der Eigenschaften der Kanalstrahlen, die sich aus Ionen zusammensetzten, also positiv geladenen Teilchen. Man hatte die elektrische Leitfähigkeit der Gase und auch Erscheinungen von sehr ungewöhnlichem Charakter, wie die Röntgenstrahlen, entdeckt. All diese Faktoren bahnten den Weg zur Feststellung von der Existenz der Radioaktivität der Materie. Die rasche Entwicklung der Wissenschaft auf diesem Gebiet war durch die Verbindung und die gemeinsame Nutzung der Errungenschaften der Physik und der Chemie und durch die Anwendung ihrer Methoden bei der Forschungsarbeit möglich geworden.

Die Entdeckung der Radioaktivität führte zu grundsätzlichen Veränderungen in der Betrachtungsweise der Materie und des Wesens der Materie. Bereits *Pierre* und *Maria Curie* vertraten kurze Zeit nach der Entdeckung des Poloniums und des Radiums den Gedanken, daß die Atome der radioaktiven Körper evolutionären Veränderungen unterliegen. Diese Hypothese wurde auch von anderen Wissenschaftlern aufgegriffen. *Ramsay* und *Soddy* stellten fest, daß aus den radioaktiven Körpern Helium entweicht, das vordem nicht da war. Diese und andere Tatsachen führten schließlich zur Herauskristallisierung der Ansicht, daß während des radioaktiven Zerfalls der Materie sich die einen chemischen Elemente in andere chemische Elemente umwandeln, eine Erscheinung, von der einst die Alchimisten träumten. Diese Umwandlungen betreffen jedoch nur eine gewisse Gruppe der in der Natur vorkommenden, hauptsächlich sehr schweren Elemente, die am Schluß des *Mendelejew*schen Periodensystems der chemischen Elemente stehen.

In Zusammenarbeit mit *Debierne* gelang es *Maria* auch, Radium in elementarer Form abzusondern. Nachdem sie das Radiumsalz äußerst sorgfältig und mit großem Arbeitsaufwand gereinigt hatte, unterzog sie es der Elektrolyse, d. h. der Zersetzung durch elektrischen Strom. Das Radium wurde in Quecksilber aufgefangen, mit dem es sich zu Amalgamat verbindet. Letzteres wurde in einer Atmosphäre aus reinem Wasserstoff erwärmt. Dann setzte der Destillationsprozeß ein. Das Quecksilber wurde verdrängt, und übrig blieb schließlich ein dünnes, silbrig glänzendes Häutchen des metallischen Radiums. Jetzt konnte man seine physikalischen und chemischen Eigenschaften untersuchen. Es erwies sich, daß Radium bei einer Temperatur von etwa 700 °C schmilzt. Bei Luftzutritt reagiert es heftig mit dem in der Luft enthaltenen Sauerstoff. Es sprengt auch die Verbindung von Wasserstoff und Sauerstoff in den Molekülen des Wassers.

Nachdem man reines Radium gewonnen hatte, konnte man endlich auch sein Atomgewicht genau bestimmen. Das war von gewaltiger Bedeutung. Vor allem wurde damit begonnen, die einzelnen radioaktiven Substanzen bestimmten Gruppen zuzuordnen. Als man nämlich das Atomgewicht (das heute durch den genaueren Begriff „Atommasse" ersetzt worden ist) und die sog. Atomzahl, d. h. die Ordnungszahl des Elements im *Mendelejew*schen Periodensystem kannte, konnte man die gegebene Substanz in das Periodensystem der chemischen Elemente genau einordnen.

Von 1906 bis 1910 veröffentlichte die Forschergruppe unter *Maria*

Curie insgesamt 69 Arbeiten. Sie selbst trug — wenn sie nicht sowieso Mitautorin war — in großem Maße zu deren Entstehen bei.

Es verwunderte also niemanden, daß ihr eine Menge Ehrungen und Auszeichnungen zuteil wurden. 1907 erhielt sie den Preis der Royal Institution of Great Britain, den sog. Actionian Prize. Zwei Jahre später zeichnete sie das amerikanische Franklin Institute mit der Elliot-Cresson-Medaille aus. 1910 verlieh ihr die Royal Society of Arts die Albert-Medaille.

Bereits im Jahre 1902 wurde Frau *Curie* Mitglied der Akademien der Wissenschaften in Bologna und in Prag sowie der Akademie der Fertigkeiten in Kraków, 1904 wurde sie Ehrenmitglied der bereits erwähnten Royal Institution of Great Britain sowie Mitglied der Chemischen Gesellschaft in London. Auch die Philosophische Gesellschaft in Batavia auf Java, das damals ein bedeutendes Zentrum der Holländer war, wählte sie zum korrespondierenden Mitglied. 1907 verlieh ihr die Universität in Edinburgh den Titel eines Doktors honoris causa. Ein Jahr später wurde *Maria* Ehrenmitglied des Vereins für Naturwissenschaft in Braunschweig sowie korrespondierendes Mitglied der russischen Akademie der Wissenschaften in Petersburg. Auch an der Genfer Universität hatte man sie nicht vergessen. 1909 wurde ihr der Titel eines Doktors honoris causa verliehen. 1910 wurde *Maria* zum Mitglied der Amerikanischen Philosophischen Gesellschaft sowie zum korrespondierenden Mitglied der Schwedischen Akademie der Wissenschaften gewählt.

Da *Maria* in der ganzen Welt große wissenschaftliche Autorität und wachsende Anerkennung genoß, neigte schließlich auch Paris sein Haupt vor der großen Gelehrten. 1908 wurde sie zum ordentlichen Professor an der Sorbonne berufen, und es wurde ihr der Lehrstuhl zuerkannt, an dem sie bisher lediglich einen Lehrauftrag hatte. Zwei Jahre später veröffentlichte sie alle Materialien, aus denen sich ihre Vorlesungen zusammensetzten, in Form der bekannten „Abhandlung über die Radioaktivität".

Anfang 1910 erlitt *Maria* erneut einen schweren Verlust. Dr. *Curie* machte eine für einen so betagten Menschen gefährliche Lungenentzündung durch, das ganze Jahr 1909 hindurch war er bettlägerig gewesen, und allmählich verließen ihn die Kräfte. Am 25. Februar 1910 starb *Pierres* Vater.

Von da an ruhte die Last der Erziehung der Töchter ganz und gar auf den Schultern der Mutter. Obwohl *Maria* keine Zeit hatte, obwohl sie gezwungen war, die Hilfe von Gouvernanten und Lehrerinnen in Anspruch zu nehmen, sorgte sie sich dennoch um eine allseitige Entwicklung der Kinder — nicht nur um ihre geistige, sondern auch um ihre körperliche Entwicklung. *Irène* und *Eve* mußten ohne Rücksicht auf das Wetter lange Spaziergänge unternehmen und an speziell im Garten aufgestellten Geräten turnen. Sie wurden schließlich so gelenkig, daß sie in der Anstalt, in der sie dann speziellen Sportunterricht nahmen, erste Preise errangen. Die Mädchen mußten auch kochen, nähen und im Garten arbeiten.

Und wieder stürzte *Maria* in den Wirbel der Weltereignisse. Viele ehrenvolle ausländische Auszeichnungen trugen dazu bei, daß man sich auch in Frankreich mehr für *Maria* interessierte. 1910 wollte man ihr das Offizierskreuz der Ehrenlegion verleihen, sie verweigerte jedoch die Annahme dieser Auszeichnung. Die Freunde stellten sie auch als Kandidaten für die Akademie auf. Gegenkandidat war Professor *Edouard Branly*, derselbe, mit dem sie einst gemeinsam den Osiris-Preis erhielt, ein hervorragender Wissenschaftler und eifriger Katholik. Dieser und andere Umstände trugen zur Entfesselung eines sehr heftigen und äußerst unangenehmen Wahlkampfes bei, in dem *Maria* natürlich kein Konkurrent, sondern Opfer war.

Wie ihre Tochter *Eve* später darlegte, kam es zu einer bedauernswerten Argumentation, und es wurden Tricks verwendet, die eines Wissenschaftlers unwürdig waren:

„Frauen haben in der Akademie nichts zu suchen!" kreischt in sittlicher Entrüstung Herr *Amagat*, dem *Pierre Curie* vor acht Jahren weichen mußte. Den Katholiken wird eingeflüstert, daß *Maria* Jüdin sei, die Freidenker dagegen erinnert man daran, daß sie doch Katholikin sei. Am 23. Januar 1911, dem Tag der Wahl, ruft der Präsident, der die Sitzung eröffnet, allen laut zu: „Außer Frauen lassen Sie alle herein!" Ein fast blinder Akademiker, ein eifriger Anhänger von Frau *Curie*, beklagte sich später darüber, daß er beinahe gegen sie gestimmt hätte, weil man ihm den falschen Stimmzettel in die Hand gedrückt habe.
Um vier Uhr stürzen die Berichterstatter aufgeregt in die Redaktionen, um ihre triumphierenden oder enttäuschten Notizen zu redigieren. Um gewählt zu werden, hat Frau *Curie* eine einzige Stimme gefehlt.

Die Intrigen und Schwierigkeiten, auf die die Gelehrte in Frankreich stieß, wurden durch die Anerkennung seitens der ausländischen Einrichtungen mehr als ausgeglichen. Im Dezember 1911 erhielt *Maria* eine außergewöhnliche Auszeichnung. Als bisher einzigem Kandidaten wurde ihr zum zweiten Mal der Nobelpreis verliehen, diesmal der Nobelpreis für Chemie für die Reindarstellung des Radiums. In der gesamten Geschichte dieser hohen Auszeichnung ist bis zum heutigen Tage nur zwei Menschen eine ähnliche Ehre zuteil geworden. Prof. *Linus Pauling* erhielt einmal den Nobelpreis für Chemie und einmal den Friedensnobelpreis. Nach dem letzten Weltkrieg wurde Prof. *John Bardeen* zweimal für seine Leistungen auf dem Gebiet der Physik ausgezeichnet.
In ihrem „Nobelvortrag" in Stockholm versäumte es *Maria* natürlich nicht, an die Verdienste *Pierres* zu erinnern:

Bevor ich zum eigentlichen Thema übergehe, möchte ich daran erinnern, daß ich das Radium und das Polonium gemeinsam mit *Pierre Curie* entdeckt habe. Ihm verdanken wir auch eine Reihe von grundlegenden Arbeiten auf dem Gebiet der Radioaktivität, die er teils allein, teils mit mir oder auch zum Teil mit seinen Schülern durchgeführt hat. Die Arbeit auf dem Gebiet der Chemie, deren Ziel es war, Radiumsalze rein darzustellen und die Eigenschaften dieses Elements zu bestimmen, habe ich zwar selbst ausgeführt, sie ist jedoch sehr eng mit unserem gemeinsamen Werk verbunden. Ich denke also, die Absicht der Akademie der Wissenschaften richtig zu deuten, wenn ich annehme, daß die hohe Auszeichnung, die sie mir zuerkannt hat, diesem gemeinsamen Werk gilt und somit auch das Andenken an *Pierre Curie* ehren soll.

An dieser Stelle sei daran erinnert, daß die Behörden in Frankreich gleich nach *Pierres* Tod das verstärkte Interesse für die Familie *Curie* dazu ausnutzen wollten, eine allgemeine Spendensammlung für den Bau eines Laboratoriums zur Untersuchung von Radium und anderen radioaktiven Elementen sowie deren Anwendung auszuschreiben. *Maria* widersetzte sich jedoch einer derartigen Ausnutzung der traurigen Konjunktur.
1909 schlug Dr. *Roux,* Direktor des Pasteur-Instituts, ihr vor, die Sorbonne zu verlassen und an sein Institut zu kommen. Hier würde ein spezielles Laboratorium für die Wissenschaftlerin eingerichtet. Die Universitätsbehörden waren damals sehr beunruhigt, daß *Maria* die Arbeit an der Universität niederlegen könnte. Es kam zu Verhandlungen zwischen Doktor *Roux* und Rektor *Liard.*

Schließlich wurde beschlossen, daß beide Einrichtungen, die Sorbonne und das Pasteur-Institut, je 400 000 Francs für den gemeinsamen Bau eines Radiuminstituts bereitstellen, das sich aus zwei Abteilungen zusammensetzen sollte: der Arbeitsstätte für Untersuchungen über die Radioaktivität und der Arbeitsstätte für Biologie und Anwendung der Radioaktivität in der Heilkunde (sog. Curietherapie), die vor allem die Heilung von Geschwulstkrankheiten zum Ziel hatte. Das erste Laboratorium sollte *Maria Sklodowska-Curie* leiten, das zweite der hervorragende Gelehrte und Professor der Medizin *Claude Régaud.*

1911 wurde damit begonnen, das Radiuminstitut auf dem Gelände nahe der Straße zu bauen, die bereits damals in Rue Pierre Curie umbenannt worden war. *Maria* nahm am Entstehen dieser Einrichtung aktiven Anteil. Vom Wunsch beseelt, daß das neue Institut einige Jahrzehnte lang ordnungsgemäß funktionieren soll, forderte sie moderne Lösungen. Sie verlangte große Räume mit großen Fenstern, damit die Arbeitsplätze gut belichtet sind, sowie die Montage von Fahrstühlen. All diese Forderungen kamen den Architekten damals ungewöhnlich und fast unannehmbar vor.

Der große Ruhm *Maria Sklodowska-Curies,* der sich in der ganzen Welt ausbreitete, die Auszeichnungen und die aktive Tätigkeit der Gelehrten in Paris bewirkten keineswegs eine Stabilisierung ihres Lebens. Es gab viele mißgünstige Menschen, die sich nicht damit abfinden konnten, daß eine Frau in der gesellschaftlichen Hierarchie derartige Höhen und eine solche Unabhängigkeit erreicht hatte. Es waren in der Tat Zeiten, in denen es bis zur vollen Gleichberechtigung der Frau noch ein weiter Weg war.

Maria hatte eine Stellung inne, die damals im Prinzip ausschließlich von Männern bekleidet wurde. Es ist daher auch nicht verwunderlich, daß sie es in der Arbeit nur mit Männern zu tun hatte. Da sich die Gelehrte jedoch durch ungewöhnliche Intelligenz und eine starke Persönlichkeit auszeichnete, hat sie ihre Umgebung stark beeinflußt. Einige der Mitarbeiter und Bekannten waren mit ihr sehr eng verbunden, was die Wellen der Verleumdung hochschlagen ließ, die sich zu einer öffentlichen Kampagne auswuchsen. Sogar die Zeitungen nahmen daran teil.

In diesem für *Maria* so schmerzvollen Zeitraum verließen ihre Freunde sie nicht. Ihr Schwager *Jacques Curie,* das Ehepaar *Perrin, André Debierne* und ihre Mitarbeiter von der Sorbonne

traten zu ihrer Verteidigung an. Auch *Marias* Schwestern *Bronisława* und *Helena* sowie ihr Bruder *Józef* kamen nach Paris. Prof. *Emile Borel*, ein berühmter französischer Mathematiker, und seine Frau nahmen *Maria* nach Italien mit.
Die Gesundheit der Gelehrten begann jedoch ins Wanken zu geraten. Die täglichen Fahrten von Sceaux nach Paris wurden zu anstrengend. Ab Januar 1912 hatte sie vor, wieder in die Hauptstadt zu ziehen. Sie mietete sogar eine neue Wohnung, schaffte es jedoch nicht mehr, dorthin umzuziehen. Zwei Tage vor Silvester 1911 erkrankte *Maria* heftig. In sehr ernstem Zustand wurde sie ins Krankenhaus gebracht.
Ihr eiserner Organismus kämpfte erfolgreich. Die Krise wurde überwunden, aber die Spuren blieben. Die Nieren waren in einem solchen Zustand, daß eine Operation unumgänglich war. Den Eingriff nahm der berühmte Chirurg *Charles Walther* vor, der *Maria* mit großer Fürsorge umgab. *Marias* Gesundheitszustand besserte sich allmählich, sie befand sich in der Rekonvaleszenz.
Inzwischen dachte man im fernen Warszawa an *Marias* Rückkehr nach Polen. Noch im Jahre 1911 wählte die Warschauer Wissenschaftliche Gesellschaft die große Gelehrte zu ihrem Ehrenmitglied. Eine Reihe von Personen, die dieser Gesellschaft angehörten, dachte daran, in Polen eine spezielle Arbeitsstätte zu schaffen, in der Forschungsarbeiten auf dem Gebiet der Radioaktivität durchgeführt werden sollten. Gleichzeitig wurde vorgeschlagen, *Maria Skłodowska-Curie* die Leitung dieser wissenschaftlichen Einrichtung anzutragen.
Die Delegation aus Warszawa traf im Mai 1912 in Paris ein. Ihr gehörte auch der berühmte Schriftsteller *Henryk Sienkiewicz* an. Er bat *Maria* im Namen des polnischen Volkes um ihre Rückkehr nach Polen:

Es wäre uns Ehre und Auszeichnung zugleich, wenn Sie, werte Frau *Curie,* ihre hervorragende wissenschaftliche Tätigkeit nach Polen zu verlegen gedächten, in die polnische Hauptstadt. Sie kennen die Gründe dafür, daß das Niveau unserer Wissenschaft und Kultur in der letzten Zeit zurückgegangen ist. Wir verlieren den Glauben an unsere schöpferischen Fähigkeiten, nach Meinung unserer Feinde degradieren wir uns, die Hoffnung auf eine bessere Zukunft verläßt uns.
Unser Volk bewundert Sie, würde Sie jedoch gern in Ihrer Heimatstadt arbeiten sehen. Das ist der glühende Wunsch der ganzen Bevölkerung. Wenn Sie in Warszawa wären, würden wir uns stärker fühlen,

würden wir das Haupt erheben, das unter der Last des Unglücks gebeugt ist.
Möge diese unsere Bitte nicht ungehört verhallen! Weisen Sie die Hände nicht ab, die sich Ihnen entgegenstrecken.

Maria konnte sich jedoch nicht entscheiden. Sie wollte nicht, daß man dächte, sie fliehe einfach aus Paris, da sie hier in letzter Zeit so viel bittere Erfahrungen gesammelt habe. Mit Unruhe erfüllte es sie auch, daß die physische Kraft fehlte, die sie brauchte, um eine völlig neue Einrichtung unter solch ungünstigen Bedingungen zu organisieren, wie sie im ehemaligen Kongreßpolen unter dem russischen Zaren herrschten. Das wichtigste Argument, das gegen die Ausreise aus Paris sprach, war jedoch der fortschreitende Bau des Radiuminstituts, das Gegenstand ihrer und *Pierres* Träume aus der Zeit der gemeinsamen Arbeiten gewesen war.
Nach langem Zögern sandte sie schließlich einen Brief nach Warszawa, in dem sie um Entschuldigung bat und ihre Absage motivierte. Unterstützung hat sie jedoch nicht versagt, sie sandte zwei ihrer begabtesten Schüler, *Jan Danysz* und *Ludwig Wertenstein*, nach Polen. Sie versprach auch, sich um die neue Einrichtung zu kümmern und deren Arbeiten aus der Ferne zu leiten.
Die Eröffnungsfeierlichkeiten des Laboratoriums in Warszawa fanden 1913 statt. *Maria Sklodowska-Curie* nahm daran teil und hielt bei dieser Gelegenheit ihren ersten Vortrag in polnischer Sprache.
Der Aufenthalt in Warszawa bot Gelegenheit, die zahlreichen Verbindungen, die die Gelehrte mit ihrer Heimatstadt und mit denen verknüpften, die sie in den Jahren ihrer Jugend gekannt hatte, zu erneuern. Sie besuchte auch ihr besonders teure Orte, wie das Museum für Industrie und Landwirtschaft.
Frau *Curie* kam allmählich wieder zu Kräften. Den Sommer verbrachte sie mit den Töchtern in den Alpen, in Gesellschaft des damals wenig bekannten *Albert Einstein*, der heute jedoch als größter Physiker unserer Zeiten anerkannt wird. *Irène Curie* war damals 16 Jahre alt, also fast schon ein erwachsenes Fräulein, *Eve* war neun.
Der Lärm um die Person der großen Gelehrten klang allmählich ab, und um so sichtbarer wurde ihre auf Weltruhm aufbauende Autorität. Auch der Bau des Radiuminstituts in Paris ging seinem Ende entgegen. Im Entwurf war vorgesehen, die *Maria Sklodowska-Curie* unterstehende Arbeitsstätte in zwei Gebäuden unterzubrin-

gen. In dem größeren Gebäude sollten Forschungen unternommen werden, hauptsächlich auf dem Gebiet der Physik. In dem kleineren war geplant, chemische Versuche durchzuführen, u. a. die Herstellung stark radioaktiver Substanzen.

Maria war sich bewußt, daß diese Arbeiten dazu führen konnten, die Umgebung radioaktiv zu verseuchen. Daher sollte die Abteilung Chemie auch vom übrigen Teil des Instituts getrennt werden. Diese Abteilung, später Radiumpavillon genannt, wurde auch mit einer sehr guten und sorgfältig projektierten Entlüftung versehen, um die Konzentration radioaktiver Substanzen, die sich eventuell in der Luft der Räume befinden könnten, auf ein Minimum zu senken.

Im Hauptgebäude des Radiuminstituts mußte die Möglichkeit gesichert werden, genaue physikalische Messungen durchzuführen. Aus diesem Grunde war es unumgänglich, das Hauptgebäude radikal von den Quellen irgendwelcher Verunreinigungen mit radioaktiven Substanzen abzutrennen — von radioaktiv verseuchten Menschen, Räumen, Geräten und Forschungsapparaturen. Daher wurden auch gegenüber Personen, die durch ihre Arbeit mit dem Radiumpavillon verbunden waren, besondere Vorsichtsmaßnahmen getroffen. Diese Leute konnten nicht ohne weiteres vom Laboratorium aus das Hauptgebäude betreten.

Maria Sklodowska-Curie wartete jedoch nicht auf die Eröffnung der neuen, so lang ersehnten wissenschaftlichen Einrichtung, sondern kehrte zu ihrer wissenschaftlichen Tätigkeit in der bisherigen Arbeitsstätte der Universität zurück. Noch 1913 begab sie sich auch in das berühmte Laboratorium für Tieftemperaturen, das Professor *Kammerling-Onnes* leitete, der einige Monate später den Nobelpreis erhalten sollte. In seiner Arbeitsstätte in Leiden führte sie gemeinsam mit ihm Messungen über den Zerfall des Radiums bei der extrem niedrigen Temperatur flüssigen Wasserstoffs[1]) durch. Es stellte sich heraus, daß sich die Geschwindigkeit des Radiumzerfalls unter diesen Bedingungen nicht wesentlich von der Zerfallsgeschwindigkeit bei Zimmertemperatur unterschied. Die Ergebnisse dieser Untersuchungen veröffentlichte *Maria* noch 1913 in dem Artikel „Über die Radioaktivität des Radiums bei der Temperatur flüssigen Wasserstoffs".

---

[1]) Dieses Element tritt normalerweise im gasförmigen Zustand auf, unter atmosphärischem Druck wird es erst bei —253 °C flüssig.

Nach der Rückkehr nach Paris befaßte sich die Gelehrte erneut mit dem einst von ihr und *Pierre* entdeckten Polonium. Die Schwierigkeiten, die damals während der Versuche zur Reindarstellung dieses metallischen Elements und der Untersuchung seiner Eigenschaften aufgetreten waren, beruhten darauf, daß man nur über geringe Mengen Polonium verfügte. Polonium ist nicht beständig und daher im Gegensatz zum Radium schwer anzuhäufen. Die Halbwertszeit[1]) des Radiums beträgt schließlich 1620 Jahre, die des Poloniums nur 138 Tage.

Als die *Curies* unter ungewöhnlich primitiven Bedingungen im Schuppen in der Rue Lhomond ihre Versuche zur Gewinnung radioaktiver Körper aus Uranerzen durchführten, konnten sie nicht sehr erfolgreich sein. Außerdem wurden die Arbeiten „im Finstern tappend" mit Substanzen durchgeführt, deren chemische Eigenschaften unbekannt waren und erst allmählich im Laufe langer, Monate dauernder Forschungen entdeckt wurden. Ohne das hohe wissenschaftliche Niveau *Pierres* und *Marias* in Frage stellen zu wollen, muß man dennoch objektiv feststellen, daß sie weder routinierte chemische Analytiker noch Präparatoren waren, die jahrzehntelange Erfahrungen hinter sich gehabt hatten. Daraus wird ersichtlich, daß es in der Rue Lhomond aus vielerlei Gründen nicht gelingen konnte, eine ausreichende Menge Polonium darzustellen und anzuhäufen, und die Menge, die dargestellt wurde, zerfiel rasch.

Es war leider nicht mehr möglich, weitere Lieferungen von Uranerz aus Jáchymov zu erhalten. Die österreichische Regierung hatte Privatpersonen die Nutzung des Erzes untersagt und sich das Staatsmonopol auf diesem Gebiet vorbehalten. Die Radium enthaltenden Mineralien wurden an ein spezielles Institut nach Wien gesandt, wo man sich mit ihrer Nutzung und mit Untersuchungen zur Radioaktivität befaßte.

Aus diesem Grund begann *Maria*, auf dem Territorium Frankreichs nach Uranerzen zu suchen. Es gelang, Uranerze im Zentralmassiv zu entdecken, wobei sich aber herausstellte, daß dieses Erz bedeutend weniger ergiebig war als das aus Jáchymov. Dennoch stand

---

[1]) Halbwertszeit — Zeit, in der der Betrag einer Größe um die Hälfte abgenommen hat; die Zeit, in der die Anzahl der Kerne eines Radionuklids auf die Hälfte abnimmt, heißt physikalische Halbwertszeit.

Maria jetzt eine wesentlich größere Rohstoffmenge zur Verfügung. Unter der unschätzbar wertvollen Mithilfe *André Debiernes* wurden langwierige chemische Versuche vorgenommen. *Maria* gewann sehr konzentrierte Poloniumpräparate, die zur Reindarstellung dienen konnten. Der rasche natürliche Zerfall des Poloniums bewirkte, daß in kurzer Zeit an seiner Stelle das aus ihm hervorgehende beständige Zerfallsprodukt entstand — Blei.

Im Juli 1914 wurde der Bau des Curie-Laboratoriums im Radiuminstitut glücklich beendet. *Maria* bereitete sich auf den Umzug vor und schickte ihre Töchter mit dem Kindermädchen und dem Dienstmädchen in die Bretagne an die See. Selbst sollte sie ihnen am 3. August folgen.

Inzwischen spitzte sich die internationale Lage immer mehr zu. Am 2. August marschierte die deutsche Armee ohne Kriegserklärung in Frankreich ein. Am nächsten Tag setzte gemäß dem Plan des Generals *von Schlieffen* der Angriff über Belgien ein. In Frankreich wurde die allgemeine Mobilmachung verkündet, wodurch *Marias* Laboratorium fast aller wertvollen Mitarbeiter beraubt wurde.

Die Gelehrte fuhr nicht mehr zu den Töchtern an die See. Trotz des großen Unrechts, das man ihr kürzlich in Paris zugefügt hatte, war sie von patriotischem Pflichtgefühl gegenüber ihrem zweiten Vaterland erfüllt.

Frankreich erlebte schwere Augenblicke. Viele Frauen meldeten sich damals zum Sanitätsdienst und arbeiteten vor allem als Sanitäterinnen. *Maria* schlug einen anderen Weg ein. Angesichts der erbitterten Kämpfe an der Front nahm die Zahl der Feldlazarette zu. Wegen der mangelnden Röntgenapparaturen waren chirurgische Eingriffe jedoch sehr erschwert. In jener Zeit verfügten nur einige große Armeezentren über derartige Einrichtungen.

Frau *Curie* beschloß also, ihre Tätigkeit auf dieses Gebiet zu verlegen. Mit der ihr eigenen Systematik und Genauigkeit stellte sie ein Verzeichnis aller Röntgenapparate zusammen, die sich in den Arbeitsstätten der Universität und in den Lagerräumen befanden. Mit behördlicher Genehmigung packte sie sämtliche Apparaturen zusammen und versandte sie an die Krankenhäuser im Département Paris. Sie organisierte auch die Bedienung der Apparate, wozu sie wissenschaftliche und technische Mitarbeiter heranzog.

Ein anderes Problem war die Ausstattung der Feldlazarette. Hier bestand das Problem nicht nur in der Beschaffung der Röntgenapparate, sondern auch in der Bereitstellung von elektrischem Strom, der für ihre Benutzung unentbehrlich war. Mit Hilfe des von der Französischen Frauenunion bereitgestellten Geldes organisierte *Maria* das erste fahrbare Röntgenambulatorium. Der Röntgenapparat wurde auf einem normalen Lastkraftwagen montiert. Der erforderliche elektrische Strom wurde mit einem daneben aufgestellten und durch den Motor des LKWs angetriebenen Dynamo gewonnen.

Das fahrbare Röntgenambulatorium wurde bereits im August 1914 in Betrieb genommen. Es arbeitete für verschiedene Krankenhäuser. Große Dienste leistete es nach der berühmten Schlacht an der Marne, als es die einzig zugängliche Einrichtung dieser Art in den Feldlazaretten bildete.

Im Augenblick der Bedrohung von Paris stand *Maria* vor der Entscheidung, zu den Töchtern zu fahren oder in der Hauptstadt zu bleiben und das Curie-Laboratorium zu bewachen. Sie befürchtete, daß bei der Einnahme der Stadt durch die deutschen Truppen ihnen die gesamte, unbeaufsichtigte Einrichtung der Arbeitsstätten in die Hände geraten könnte und damit verlorenginge. Für alle Fälle beschloß sie, aus der Hauptstadt das Wertvollste, was sie im Laboratorium besaß, herauszuschaffen — ein Gramm Radium. Sie nahm sich dieser Angelegenheit selbst an und beförderte den Schatz in einer über zwanzig Kilo schweren Bleiverpackung in einem unvorstellbar überfüllten Zug nach Bordeaux. Nach der langen Reise erhielt das Radium ein sicheres Versteck im Banktresor in Bordeaux.

Inzwischen war Paris gerettet, aber die Zahl der Verwundeten nahm rasch zu. Daher kam *Maria Skłodowska-Curie* zu der Überzeugung, daß es notwendig sei, einen fahrbaren Röntgendienst zu organisieren. Man mußte also eine ganze Reihe von Lastwagen mit transportabler Apparatur bereitstellen. Im Kampf gegen die Bürokratie und den Mangel an Verständnis für die Aktivität dieses eifrigen „Zivilisten", der sie war, setzte sie ihren Willen durch. Sie erhielt auch einige Autos von Privatpersonen. Auf zwanzig Wagen wurden Röntgenapparate installiert.

Nach dem Willen der Mutter kehrten die Töchter nach Paris zurück. Die siebzehnjährige *Irène* ließ *Maria Curie* an einem Sanitäterkurs teilnehmen. *Eve* schickte sie in die Schule. Selbst bestieg sie einen der unter ihrer Leitung hergerichteten Lastkraftwagen — einen grauen Laster der Firma Renault, der mit der französischen Flagge und dem Zeichen des Roten Kreuzes gekennzeichnet war. Der Wagen fuhr nach Amiens, Verdun und Ypres. *Eve Curie* berichtet später:

Nach verschiedenen Aufenthalten, bedingt durch Verhandlungen mit mißtrauischen Posten, erreicht man das Lazarett. Die Arbeit beginnt sofort. Rasch wählt Frau *Curie* einen möglichst geeigneten Raum als „Röntgensaal" aus und läßt die Kisten dorthin bringen. Sie packt die Apparate aus, setzt sie zusammen und verbindet sie mit dem Kabel der Dynamomaschine auf dem Auto draußen. Der Chauffeur setzt den Motor in Gang, und *Maria* prüft die Stromstärke, bringt noch den Leuchtschirm in Ordnung, legt die Schutzhandschuhe und die Schutzbrille sowie spezielle Bleistifte zur Bezeichnung der „Orientierungspunkte" auf der Haut des Verwundeten und einen Faden mit einem Bleigewicht zur Lokalisierung der Kugeln in seinem Körper zurecht. Sie verdunkelt das Zimmer mit Jalousien, die sie mitgebracht hat, oder einfach mit Decken. Nebenan, in einer improvisierten photographischen Dunkelkammer stellt sie Schüsseln mit Entwicklerlösung und Fixierbad auf. Eine halbe Stunde nach ihrer Ankunft ist alles fertig.
Nun beginnt der traurige Vorbeimarsch — auf Bahren werden verwundete, leidende Menschen hereingetragen. Der Chirurg steht zusammen mit Frau *Curie* in dem dunklen Saal, der nur durch den geheimnisvollen Schein der Apparaturen beleuchtet ist. Die Verwundeten werden auf den Röntgentisch gelegt. *Maria* richtet den Apparat auf die aufgerissenen Wunden und reguliert die Schärfe des Abbilds der Knochen und der Organe, unter denen sich eine dunkle Stelle zeigt, eine Kugel oder ein Granatsplitter.
Ein Assistent schreibt die Bemerkungen des Arztes auf. *Maria* kopiert das Bild oder fertigt ein Negativ an, das der Chirurg dann bei der Operation verwendet. Manchmal werden die Verwundeten gleich „unter den Strahlen" operiert. Dann lenkt der Arzt seine Instrumente nach dem Abbild auf dem Leuchtschirm.

Bevor die Gelehrte ein derartiges Lazarett verließ, prüfte sie, ob man dort nicht eine ständige Röntgenanlage einrichten konnte. Wenn es möglich war, beschaffte sie mit großem Arbeitsaufwand die entsprechenden Einrichtungen, die sie persönlich an ihren Bestimmungsort beförderte. Zusammen mit der Apparatur ließ sie einen ausgebildeten Laboranten an Ort und Stelle zurück.
Im großen und ganzen hat *Maria Sklodowska-Curie* 20 Lazarette mit einer ständigen Röntgenapparatur ausgestattet. Insgesamt wurden in diesen Einrichtungen sowie in den 20 erwähnten fahrbaren Ambulatorien über eine Million Verwundete untersucht.

Charakteristisch für die große Gelehrte war immer ihr Streben nach maximaler Genauigkeit, ja geradezu nach Vollkommenheit im Handeln. Der vorhandene Vorrat an Wissen und Fähigkeiten genügte ihr nicht, sie begann Anatomie zu studieren und legte die Fahrprüfung ab. Sie half dann dem Fahrer ihres Lastwagens nicht nur beim Führen des Fahrzeugs, sondern sogar bei dessen Instandhaltung aus.

Sie arbeitete mit großer Hingabe — ohne sich zu schonen und unter primitiven Bedingungen.

Da ich meinem unglücklichen Vaterland nicht dienen kann, das nach über hundert Jahren Leides in Blut gebadet ist, habe ich beschlossen, alle meine Kräfte meinem zweiten Vaterland zur Verfügung zu stellen,

schrieb *Maria* in einem der Briefe an *Paul Langevin.* Bei einer solchen Lebensweise konnte sie auf die Erziehung ihrer Töchter keinen großen Einfluß nehmen, die beide studierten und den Sommer außerhalb von Paris „an der frischen Luft" verbrachten. Trotzdem bemühte sie sich, die Mädchen darauf vorzubereiten, verschiedene Widrigkeiten des Schicksals und schwere Situationen künftig meistern zu können. Sie riet ihnen nicht, sich während der nächtlichen Bombenangriffe auf Paris in den Keller zu begeben. 1916 erlaubte sie beiden Töchtern, im Sommer in der Bretagne an Feldarbeiten teilzunehmen und so die Männer, die in den Krieg gezogen waren, bei der Mahd, beim Drusch und bei anderen Arbeiten zu ersetzen. Zugleich versah die heranwachsende *Irène*, die noch vor Beginn der großen Kämpfe einen Kurs für Röntgenologie abgeschlossen hatte, zeitweise den gleichen Felddienst wie ihre Mutter. Gleichzeitig studierte sie an der Sorbonne und legte Prüfungen ab.

Maria ließ während ihrer kurzen Aufenthalte in Paris auch wissenschaftliche Fragen nicht außer acht und nutzte ihre freie Zeit dazu, die künftige Forschungsarbeit vorzubereiten. Nach und nach überführte sie Geräte und Einrichtungen aus dem Laboratorium ihres Lehrstuhls, der sich in der Rue Cuvier befand, in das Radiuminstitut.

In der neuen Einrichtung organisierte sie die Ausbildung des Personals für den röntgenologischen Dienst. Die Vorlesungen hielt sie nicht selbst. Ihre Tochter und Fräulein *Klein* halfen ihr aus. In den letzten zwei Jahren des Krieges wurden 150 Laborantinnen für diese Aufgaben ausgebildet.

Die große Aktivität von *Maria Sklodowska-Curie* zog auch die Aufmerksamkeit der Verbündeten Frankreichs auf sich. Bereits seit 1914 hatte die Wissenschaftlerin auch belgische Krankenhäuser besucht. In der Endphase der Kämpfe bildete sie bei sich auch amerikanische Soldaten aus.
Durch ihre aufopferungsvolle und äußerst nützliche Arbeit errang sie unter der französischen Bevölkerung, unter derselben, die noch vor kurzem geneigt war, sie zu verdammen, große Anerkennung. Es ist charakteristisch, daß sie diesmal (wie ihren Angehörigen bekannt war) das Ritterkreuz der Ehrenlegion, das sie so sehr verdient hatte, nicht abgelehnt hätte. Leider hat man in dem allgemeinen Durcheinander, das nach dem Waffenstillstand am 11. November 1918 herrschte, dieses „kleine Detail“ vergessen.
Maria hatte damals ihre nicht geringen, aus den beiden Nobelpreisen und dem Osiris-Preis stammenden Geldvorräte als Kriegsanleihe gespendet. Praktisch war das Geld damit verloren. Als einzige Unterhaltsquelle nach dem Krieg verblieb ihr das Lehrergehalt — 12 000 abgewertete Francs, die knapp ausreichten, um die ganze Familie bescheiden zu ernähren und zu kleiden.
Nach Einstellung der Kriegshandlungen begann *Maria* sofort, die Forschungsarbeit zu organisieren. In den ersten zwei Nachkriegsjahren bildete sie außerdem noch junge Röntgenologen aus. Auf ausdrücklichen Wunsch schrieb sie auch ein Buch zur Röntgenologie in Kriegszeiten „La radiologie et la guerre“ (Die Röntgenologie und der Krieg), das 1920 erschien. Darin schrieb sie:

Die Geschichte der Röntgenologie während des Krieges ist ein ergreifendes Beispiel dafür, welch großen und unvorhergesehenen praktischen Anwendungsbereich eine rein wissenschaftliche Entdeckung unter gewissen Bedingungen haben kann.
Vor dem Krieg war der Anwendungsbereich der Röntgenstrahlen sehr begrenzt. Die große Katastrophe, die über die Welt hereinbrach und der entsetzlich viele Menschen zum Opfer vielen, rief eine Reaktion in Form des innigsten Wunsches hervor, alle zu retten, die zu retten sind, und alle Möglichkeiten zur Rettung menschlichen Lebens zu nutzen.
Wir sehen sogleich die Anstrengungen, die darauf abzielten, die Röntgenstrahlung so umfassend wie möglich zu nutzen. Das, was anfänglich schwierig erschien, ist leicht geworden und läßt sich sofort erledigen. Die Zahl der Apparate und des Bedienungspersonals vergrößert sich wie vom Zauberstab berührt. Diejenigen, die es nicht können, lernen es, die Gleichgültigen werden vom Eifer und vom Willen gepackt, sich

aufzuopfern. Die wissenschaftliche Entdeckung erobert auf diese Weise endgültig den Bereich, der ihr von der Natur der Sache her zusteht. Eine ähnliche Entwicklung beobachten wir bei der Heilung mit Hilfe von Radium, d. h. der Anwendung der von radioaktiven Körpern ausgesandten Strahlung.
Welche Schlußfolgerung drängt sich angesichts dieses unerwarteten Erfolgs auf, den die von der Wissenschaft am Ausgang des 19. Jh. entdeckte neue Strahlung davongetragen hat? Es scheint, daß dieser Erfolg uns größeres Vertrauen in uneigennützige Forschungen einflößen, unsere Achtung und Bewunderung dafür verstärken müßte.

Trotz der energischen Tätigkeit *Marias* entwickelte sich das Curie-Laboratorium anfänglich relativ langsam. Nach dem Krieg war die Situation der wissenschaftlichen Einrichtungen in Frankreich ebenso wie in den anderen europäischen Ländern nicht günstig. Sie hatten für immer viele der bisherigen Mitarbeiter verloren, die entweder gefallen waren oder aus diesen oder jenen Gründen nicht die ehemalige Arbeit wieder aufnehmen konnten. Es gab auch keine finanziellen Mittel für die Entwicklung der Forschungen, denn das Geld wurde zur Befriedigung dringenderer Bedürfnisse gebraucht.
Außerdem sollte man noch andere Umstände mit in Betracht ziehen. Während der Kriegshandlungen war die Radiologie keinen Schritt vorangekommen. Einige begannen also anzunehmen, daß sie über keine Entwicklungsperspektiven verfüge und nur einen engen Bereich der Physik von untergeordneter Bedeutung darstelle. Im Gegensatz zu den Arbeiten über die Radioaktivität entwickelten sich die Forschungen über die Atomstrahlung — nicht nur im Bereich des sichtbaren Lichts, sondern auch im Bereich der Röntgenstrahlung — äußerst stürmisch. Daher hatten es auch viele Physiker gar nicht eilig, die Arbeit am Radiuminstitut aufzunehmen.
Maria Sklodowska-Curie dagegen bezog einen eindeutigen Standpunkt. Von unfehlbarer Intuition geleitet, wußte sie, daß es noch ein weiter Weg sein würde, um alle Geheimnisse der Radioaktivität zu erforschen. Sie war sich auch über die Bedeutung der Untersuchungen dieser Erscheinung vollauf bewußt. Daher scheute sie auch keine Mühe, um nicht nur die Arbeiten in der ihr unterstellten Einrichtung zu realisieren, sondern diese Einrichtung auch so hervorragend wie möglich zu entwickeln und ihr den der Größe der Ziele entsprechenden Rang zu verleihen. Sie sorgte dafür, daß

das Curie-Laboratorium dementsprechend mit modernen Apparaturen und Meßgeräten ausgestattet wurde, daß begabte und vielversprechende Schüler ausgebildet wurden und daß die Richtung der Arbeiten, die mit den Untersuchungen über die Radioaktivität verbunden waren, genau eingehalten wurde.
1920 trat ein Ereignis ein, das für die Entwicklung der von der großen Wissenschaftlerin durchgeführten Forschungen von wesentlicher Bedeutung war. Im Mai empfing *Maria Sklodowska-Curie* die Redakteurin einer großen New Yorker Zeitschrift – Frau *William Brown-Meloney*. Frau *Meloney* hatte erst nach längerem Bemühen die Erlaubnis für ein Interview erhalten.
Diese Begegnung illustrieren am besten die eigenen Worte der amerikanischen Journalistin:

Die Tür ging auf, und ich erblickte eine blasse, schüchterne Frau. Niemals zuvor hatte ich ein so trauriges Gesicht gesehen. Sie trug ein schwarzes Baumwollkleid. Ihr wunderbar sanftes und geduldiges Gesicht hatte einen abwesenden, weltabgewandten Ausdruck, wie er Menschen eigen ist, die sich voll und ganz der Wissenschaft hingeben. Ich kam mir plötzlich sehr aufdringlich vor und wurde noch schüchterner als Frau *Curie*. Seit zwanzig Jahren arbeitete ich als Journalistin, aber ich brachte es nicht fertig, dieser wehrlosen Frau im schwarzen Baumwollkleid auch nur eine einzige Frage zu stellen. Ich begann zu erklären, wie sehr sich die Amerikanerinnen für ihr großes Werk interessieren, ich versuchte sie wegen meiner Aufdringlichkeit um Verzeihung zu bitten. Frau *Curie* wollte mich ermutigen und knüpfte ein Gespräch über Amerika an.
„Amerika besitzt etwa 50 g Radium", sagte sie, „vier in Baltimore, sechs in Denver, sieben in New York ..."
Sie setzte die Aufzählung fort und nannte alle Orte, die über einen kleinen Teil des wertvollen Elements verfügen.
„Und Frankreich?" fragte ich.
„Mein Laboratorium besitzt etwas mehr als ein Gramm."
„Was – *Sie* haben nur ein Gramm *Radium?*"
„Ich? Ach, ich habe gar keins. Dieses Gramm gehört meinem Laboratorium."
Ich erwähnte die Patente, die sie zu einer sehr reichen Frau hätten machen müssen. Ruhig erwiderte sie:
„Das Radium soll niemanden reich machen. Es ist ein Element und gehört also allen Menschen."
„Wenn Sie sich etwas wünschen könnten", fragte ich sie unter dem Einfluß einer plötzlichen Eingebung, „was würde Ihnen von allen Dingen auf der Welt die größte Freude machen?"
Das war eine idiotische Frage, deren Folgen jedoch von außergewöhnlicher Bedeutung sein sollten.

In derselben Woche erfuhr ich, daß ein Gramm Radium 100 000 Dollar kostet. Weiter erfuhr ich, daß das Laboratorium von Frau *Curie* ungenügend ausgestattet war, obwohl es fast neu war, und daß das Radium im Laboratorium ausschließlich dazu diente, Röhrchen mit Emanation zu medizinischen Zwecken vorzubereiten.

Frau *Meloney* war sehr erstaunt, ja fast erschüttert über die bescheidenen Mittel, die der großen, von der ganzen Welt bewunderten Gelehrten zur Verfügung standen. Die Journalistin kannte schließlich die herrlich eingerichteten amerikanischen Laboratorien und die amerikanische Industrie, zumindest das große Radiumwerk in Pittsburg.

Kein Jahr war nach dem Besuch vergangen, als Frau *Meloney* an Frau *Maria Sklodowska-Curie* einen Brief mit der aufregenden Nachricht sandte, daß die amerikanischen Frauen Geld für den Kauf der teuren radioaktiven Substanz gesammelt hatten — Geld für ein ganzes Gramm Radium. Die Spenderinnen wollten die Wissenschaftlerin jedoch persönlich kennenlernen und luden sie in die Vereinigten Staaten ein.

Trotz alledem zauderte *Maria Curie.* Sie wollte nicht zum Gegenstand allgemeiner Bewunderung werden, und der Gedanke, sich in die USA zu begeben, schockierte sie, denn ihre Vorstellungen über dieses Land waren mit Lärm, wahnsinniger Hast und Übertreibungen verbunden.

Die Amerikanerinnen gaben jedoch nicht klein bei. Sie unterbreiteten der Wissenschaftlerin den Vorschlag, die Reise in Begleitung ihrer beiden Töchter zu unternehmen, und man versprach ihr, während des Empfangs in dem großen Land Zurückhaltung und Ruhe zu bewahren. Schließlich willigte Frau *Curie* ein. Auf nachdrücklichen Wunsch ihrer bereits siebzehnjährigen Tochter *Eve* kaufte sie neue Kleider; die alten, die sie am liebsten trug, ließ sie dagegen zu Hause.

Jetzt erwachten auch die französischen Behörden aus ihrer Lethargie. Man wurde sich der erstaunlichen Tatsache bewußt, daß Frau *Sklodowska-Curie* nicht eine einzige Auszeichnung besitzt, daß sie nicht einmal Mitglied der Akademie ist. Also schlug man ihr schnellstens das Ritterkreuz der Ehrenlegion vor, dessen Entgegennahme sie wiederum ablehnte. In der Oper fand auch eine feierliche Veranstaltung zu Ehren der großen Wissenschaftlerin statt, und das daraus gewonnene Eintrittsgeld wurde dem Radiuminstitut überwiesen.

Im Mai 1921 traf *Maria* mit ihren Töchtern an Bord der „Olympic“ in den Vereinigten Staaten ein, die sie so befangen machten.

„Alle Städte, alle Schulen und alle Universitäten wollen Frau *Curie* empfangen und bewirten“, schrieb ihre Tochter *Eve*, die selbst Zeugin dieses ungewöhnlichen Interesses der amerikanischen Bevölkerung für ihre Mutter war:

Medaillen, Auszeichnungen, Doktorentitel honoris causa fallen ihr dutzendweise zu ...
„Sie haben natürlich Ihre Amtsrobe mitgebracht?“ fragte Frau *Meloney*. „Sie werden sie bei den Feierlichkeiten unbedingt brauchen.“
Das unschuldige Lächeln *Marias* löst allgemeine Bestürzung aus. Denn sie hat den akademischen Talar nicht bei sich — und zwar aus dem einfachen Grunde, weil sie keinen hat und nie gehabt hat. Die Professoren der Sorbonne müssen obligatorisch einen haben, aber sie als einzige Frau unter ihnen, überließ den Männern die Freude, ein solches Gewand zu besitzen ...
Die Gastgeber riefen also rasch einen Schneider herbei, der in Eile eine majestätische Robe aus glänzender Seide anfertigte.

Überall wurde *Maria Sklodowska-Curie* von großen Menschenmengen begrüßt. Es regnete Titel und Auszeichnungen. Die Gelehrte erhielt die Ehrenbürgerschaft der Stadt New York. Im berühmten Waldorf-Astoria-Hotel empfing sie die Ehrungen von 573 Vertretern amerikanischer wissenschaftlicher Gesellschaften.

Am 20. Mai 1921 überreichte ihr der Präsident der USA, *Harding*, die symbolische Schatulle mit einem Gramm Radium. Inzwischen befindet sich die echte im Radiumwerk — sie wird ihr bei der Abfahrt überreicht. Diesem Ereignis ging ein sehr charakteristischer Zwischenfall voraus. Einen Tag vor den Feierlichkeiten wurde *Maria* der Text der amtlichen Schenkungsurkunde vorgelegt. Die Gelehrte protestierte:

„Der Wortlaut muß geändert werden. Das Radium, das mir die Vereinigten Staaten schenken, soll für alle Zeiten der Wissenschaft gehören. Solange ich lebe, werde ich es selbstverständlich nur zu wissenschaftlichen Forschungen verwenden. Aber wenn die Urkunde so lauten soll, dann würde das Geschenk nach meinem Tode in die Hände von Privatpersonen übergehen — in die Hände meiner Töchter. Das halte ich für ausgeschlossen. Ich möchte dieses Radium meinem Laboratorium übergeben. Kann man einen Advokaten kommen lassen?“
„Hm ... ja“, entgegnete Frau *Meloney*, einigermaßen verdutzt.

„Da Sie es wünschen, werden wir uns nächste Woche damit befassen."
„Nein, nicht nächste Woche. Auch nicht morgen, sondern sofort, jetzt. Diese Urkunde wird in dem Moment rechtsgültig, in dem ich sie annehme — in ein paar Stunden aber kann ich schon sterben."
Der Rechtsanwalt, der zu so vorgerückter Stunde mit nicht geringer Mühe herbeigerufen worden war, setzte gemeinsam mit *Maria* den Text des Zusatzdokuments auf, das *Maria* sofort unterschrieb.

Der Besuch in den Vereinigten Staaten erschöpfte die bereits sehr geschwächten Kräfte der großen Gelehrten. Als sie noch in Washington weilte, sollte sie die feierliche Eröffnung des Laboratoriums für Tieftemperaturen vornehmen. Sie war jedoch nicht mehr in der Lage, bis in den Maschinenraum vorzudringen. In wahrhaft amerikanischem Tempo wurden elektrische Leitungen gelegt, und *Maria* setzte die Einrichtungen mit einem Druck auf den Knopf in Betrieb, der sich in ihrem Zimmer befand.
Kurz darauf verließen sie ihre Kräfte jedoch fast völlig. Auf eine Reihe der geplanten Feierlichkeiten mußte verzichtet werden. Einer der Journalisten rang sich die sehr selbstkritische Bemerkung ab:

Jeder Zirkus- oder Tingeltangeldirektor würde Frau *Curie* eine weit höhere Summe, als ein Gramm Radium kostet, für die halbe Arbeit geboten haben.

Um die Wissenschaftlerin zu schonen, begannen ihre Töchter, die Rolle von Doppelgängerinnen zu spielen. Die Ehrendoktorwürden nahm *Irène* entgegen, die sich die Robe der Mutter angelegt hatte. Zusammen mit ihrer Schwester vertrat sie die Mutter auch bei verschiedenen Empfängen.
Man mußte auch darauf verzichten, die gesamten Vereinigten Staaten zu besuchen. Es wurden nur einige Objekte ausgesucht, vor allem das Grand Canyon in Colorado.
Nach einer gewissen Entspannung folgten weitere Feierlichkeiten, unter denen die Gesundheit der Gelehrten wiederum sehr litt. Besonders beunruhigend war der unerhört niedrige Blutdruck. Am 28. Juni verließ *Maria* die für ihre Kräfte allzu gastfreundlichen Staaten.
Sie kehrte mit gemischten Gefühlen nach Frankreich zurück. Sie war äußerst zufrieden, daß sie das Radium bekommen hatte und daß sie einige Laboratorien, Hochschulen und Betriebe kennenlernen konnte. Sie dachte jedoch lange über *Pierres* und ihr eigenes Verhältnis zu den Entdeckungen, die sie in der Vergangenheit gemacht

hatten, nach. In der Autobiographie schließlich, die sie nach ihrer Reise in die Vereinigten Staaten niederschrieb, bezog sie folgenden Standpunkt:

Viele meiner Freunde behaupten mit einem gewissen Recht, daß *Pierre* und ich, wenn wir uns unsere Ansprüche gesichert hätten, genügend Mittel gehabt hätten, ein entsprechendes Radiuminstitut einzurichten, ohne auf die Widrigkeiten zu stoßen, deren Überwindung uns einst auf eine schwere Probe stellte und mich heute noch immer auf eine schwere Probe stellt.
Trotzdem bin und bleibe ich davon überzeugt, daß wir Recht hatten. Die Menschheit braucht zweifellos praktische Persönlichkeiten, die aus ihrer Arbeit einen maximalen Nutzen zu ziehen verstehen und, ohne das Allgemeinwohl zu vernachlässigen, ihre eigenen Interessen vertreten. Sie braucht aber auch Träumer, für die die uneigennützigen Ergebnisse ihres Werks so wichtig sind, daß es ihnen unmöglich ist, an die materiellen Vorteile zu denken, die sie sich sichern könnten.
Diese Träumer verdienen zweifellos keine Millionen, da sie keinen Reichtum anstreben. Trotzdem sollte eine gut informierte Gesellschaft dafür sorgen, daß sie über entsprechende Arbeitsbedingungen verfügen und frei von allen materiellen Sorgen sich völlig der wissenschaftlichen Forschung hingeben können.

Man sieht hier deutlich, wie bei dem Versuch, ihre früheren Auffassungen und Ideale zu verteidigen, eine neue Betrachtungsweise der Wirklichkeit anklingt. *Eve Curie* bestätigt das in der Biographie der großen Gelehrten:

Ich glaube, daß meine Mutter aus ihrer Amerikareise in gewisser Hinsicht eine Lehre gezogen hat. Sie hat sich davon überzeugt, daß die Einsamkeit, in die sie sich hartnäckig eingeschlossen hatte, falsch und widersinnig war. Ein einsamer Forscher kann oder soll sich sogar von der Welt abschließen, um sich voll und ganz seiner persönlichen Arbeit zu widmen. Aber die 55 Jahre alte Frau *Curie* ist nicht nur eine wissensdurstige Person und nicht nur Forscherin. Sie trägt die Verantwortung für eine neue Wissenschaft und einen neuen Zweig der Heilkunde. Das Gewicht ihres Namens ist so groß, daß oft schon ein Wort von ihr, ja sogar allein ihre Anwesenheit bewirken können, daß manch eine Angelegenheit zum Wohl der Allgemeinheit erledigt wird. Und *Maria Curie* beschloß, von nun an auch dafür Zeit in ihrem Leben zu finden.

Am 15. Mai 1922 wurde die große Gelehrte auf einstimmigen Beschluß des Völkerbundes zum Mitglied der Internationalen Kommission für Intellektuelle Zusammenarbeit ernannt. *Maria* war mit dieser Wahl einverstanden, obwohl sie es bisher abgelehnt hatte, in irgendwelchen, selbst den nützlichsten Organisationen mitzuarbeiten. In der Kommission waren hervorragende Wissenschaftler und Denker tätig: *Albert Einstein,* Prof. *Mullikan, Henri Bergson* . . .

Maria war kein passives Mitglied dieser Kommission. Wie immer war sie aktiv tätig und gehörte einigen Expertenkomitees an. Sie wurde sogar stellvertretende Vorsitzende der gesamten Kommission. Bei ihrer Tätigkeit in diesem Kreis stellte sie einige konkrete Forderungen von wesentlicher Bedeutung für die Entwicklung der Wissenschaft auf. Sie schlug u. a. vor, Symbole und eine wissenschaftliche Terminologie auf dem Gebiet der Radioaktivität auszuarbeiten sowie Format und Form der Zusammenfassung von Forschungsarbeiten in Fachzeitschriften und die internationale Tabelle der in den grundlegenden Wissenschaften ständig verwendeten Begriffe zu vereinheitlichen. Sie griff den Gedanken auf, eine Bibliographie zusammenzustellen, die Informationen über die Ergebnisse enthalten sollte, die in wissenschaftlichen Publikationen veröffentlicht wurden.

Maria beschäftigten auch Probleme des Hochschulunterrichts, der Modernisierung der Unterrichtsmethoden und der Gründung einer internationalen Organisation von Wissenschaftlern, die sich in allen europäischen Ländern um die Entwicklung des Unterrichtswesens kümmern würde. Auch die Frage der Nutzung des Talents von Arbeiter- und Bauernkindern, die aus armen Familien stammten, lag ihr sehr am Herzen. In einer ihrer Abhandlungen stellt sie fest:

Worauf beruht denn das Interesse der Gesellschaft, wenn nicht darauf, wissenschaftliches Talent und Begeisterung in seiner Entfaltung zu unterstützen? Sind wir so reich, daß wir es vergeuden dürfen? Ich glaube eher, daß die Verschmelzung aller Eigenschaften, die die wahre wissenschaftliche Berufung ausmachen, etwas so ungewöhnlich Kostbares und Feines ist, daß es eine Dummheit und ein Verbrechen wäre, solch seltene Schätze verkommen zu lassen, die man mit größter Fürsorge umgeben muß, um ihnen alle Entwicklungsmöglichkeiten zu bieten!

1933 führte *Maria Curie* in Madrid den Vorsitz eines der Zukunft der Kultur gewidmeten internationalen Kongresses, an dem Künstler und Schriftsteller teilnahmen. Sie hatte damals Gelegenheit, sich einer allzu begrenzten Auffassung von Wissenschaft und Spezialisierung entgegenzustellen, deren Entwicklung teilweise die

Schuld für die zunehmende Krise der zeitgenössischen Kultur zugeschrieben wurde:

Ich gehöre zu jenen, die glauben, daß die Wissenschaft etwas sehr Schönes ist. Der Wissenschaftler in seinem Laboratorium ist nicht nur ein Techniker. Vor den Geheimnissen der Natur steht er mit der gleichen Andacht wie ein Kind vor einem schönen Märchen. Wir sollten uns nicht einreden lassen, daß der ganze wissenschaftliche Fortschritt auf Mechanismen, Maschinen und verschiedene Zahnräder zurückzuführen ist, die übrigens auch einer eigentümlichen Schönheit nicht entbehren. Ich befürchte nicht, daß die Liebe zum Unbekannten und das Verlangen nach dem großen Abenteuer in der heutigen Zeit von der Vernichtung bedroht sind. Das Lebendigste von allem, was ich um mich herum erblicke, sind eben jenes Verlangen und jene Liebe, die sich nicht ausrotten lassen und aufs engste mit der wissenschaftlichen Neugier verbunden sind.

Die ungewöhnliche Anerkennung, die *Maria Skłodowska-Curie* in der ganzen Welt entgegengebracht wurde, bewirkte schließlich, daß auch die französischen wissenschaftlichen Kreise und offiziellen Behörden ihr Verhältnis zu der großen Gelehrten grundsätzlich änderten. Auf Initiative des bekannten französischen Bankiers *Henri de Rothschild* wurde die Curie-Fundation gebildet, zu deren Gunsten Spenden und Subventionen für das Radiuminstitut eingezahlt wurden, das auf diese Weise eine ständige und bedeutende Quelle der finanziellen Unterstützung gewonnen hatte.
Die Mitglieder der Medizinischen Akademie schlugen noch 1922 vor, *Maria* in ihren Kreis zu berufen, sozusagen als Beweis der großen Anerkennung für die Entwicklung eines neuen Gebiets der medizinischen Wissenschaften, der Curietherapie. Die Wahl erfolgte einstimmig.
Im folgenden Jahr wurde der 25. Jahrestag der Entdeckung des Radiums sehr feierlich begangen. An der Sorbonne fand eine große Veranstaltung statt, die unter persönlicher Leitung des Präsidenten der Französischen Republik stand. An der Veranstaltung nahmen nicht nur Vertreter der Wissenschaft. sondern auch der Regierungskreise teil. Der Rektor der Pariser Akademie, Prof. *Paul Appell*, unterstrich in seiner Ansprache die Verdienste der großen Gelehrten nicht nur auf wissenschaftlichem, sondern auch auf gesellschaftlichem Gebiet. Er unterstrich dabei besonders ihre Tätigkeit während des ersten Weltkrieges:

Die Ehe mit *Pierre Curie* hat sie fast zur Französin werden lassen. Ihrem Freundeskreis ist es zu verdanken, daß sie mit dem Herzen Französin wurde, ohne sich von ihrem Vaterland loszusagen. Und in der tödlichen Gefahr, der wir entgangen sind, hat sie ihr ganzes Wissen, ihre ganze Energie und ihren Mut in den Dienst unseres gemeinsamen Kampfes gestellt, als sie die Röntgenstationen in den Frontlazaretten organisierte und persönlich über tausend Verwundete untersuchte. Auf diese Weise hat sie am gemeinsamen Sieg ihrer beiden Vaterländer Anteil, die weder Niederlage, noch Triumph trennen sollten.

Auch das französische Parlament ehrte die große Gelehrte. Als Geschenk des Volkes erkannte es *Maria Curie* ein ständiges Gehalt in Höhe von 40 000 Francs jährlich zu, mit dem Recht, es zu zwei gleichen Teilen an die beiden Töchter zu vererben. Das war die vierte derartige Auszeichnung in der Geschichte Frankreichs. Vor *Maria Skłodowska-Curie* war 1874 der große französische Chemiker und Biologe *Louis Pasteur* damit bedacht worden.
Mit der Forschungsarbeit beschäftigt, unternahm *Maria* im Gegensatz zu früheren Zeiten jetzt oft Reisen. Die Reise nach Amerika hatte bei ihr eine echte Wende herbeigeführt. Sie nahm in verschiedenen Ländern an wissenschaftlichen Kongressen teil, hielt Vorlesungen im Ausland und besuchte verschiedene wissenschaftliche Zentren. Obwohl die physischen Kräfte sie mehrmals im Stich ließen, wurde dieses Manko durch ihr bisher unbekannte Erlebnisse ausgeglichen.
In einem Brief an die jüngere Tochter *Eve* begeisterte sie sich, als sie zusammen mit *Irène* an Bord eines Schiffes nach Rio de Janeiro unterwegs war, wo sie vier Wochen lang bleiben sollte:

Ich habe fliegende Fische gesehen! Ich habe festgestellt, daß wir fast keinen Schatten mehr hinterlassen, weil die Sonne beinahe senkrecht über unseren Köpfen steht. Dann habe ich gesehen, wie die mir bekannten Sternbilder im Meer versunken sind — der Polarstern, der große Wagen. Im Süden dagegen tauchte das Kreuz des Südens auf, das sehr schön ist.

Maria besuchte zu jener Zeit viele Länder. Viele Male war sie in Italien, 1931 reiste sie nach Spanien. In der Tschechoslowakei wurde sie von Präsident *Masaryk* und in Belgien von König *Albert* und Königin *Elisabeth* empfangen. Die beiden letzteren hatte die Gelehrte noch während des Krieges an der Front kennengelernt.
1926 heiratete *Irène Curie* den damals hervorragendsten Mitarbei-

ter des Radiuminstituts, *Frédéric Joliot*. Beide waren zweifellos die bedeutendsten Schüler *Marias*.
Irène errang die Doktorwürde im Curie-Laboratorium 1925, im Alter von knapp 28 Jahren, was damals eine Leistung war. Thema ihrer Arbeit waren die Eigenschaften der Alpha-Strahlen des Poloniums.
1929 begann *Irène*, eine neue Methode zur Gewinnung von hochaktivem Radium auszuarbeiten. Bei der Entwicklung dieser Methode hat ihr Mann *Frédéric* einen großen Beitrag geleistet. Er befaßte sich noch einige Jahre hindurch damit, die Herstellungstechnik für hochaktive Präparate zu vervollkommnen. Ergebnis dieser Forschungsarbeiten war die Habilitationsarbeit „L'electrochimie des éléments radioactifs" (Elektrochemie der radioaktiven Elemente), die er 1931 veröffentlichte.
Jetzt begann ein besonders erfolgreicher Zeitraum in der schöpferischen wissenschaftlichen Tätigkeit von *Irène* und *Frédéric Joliot*. Im Verlauf gemeinsamer Untersuchungen stellten sie 1933 fest, daß eine mit den Alphapartikeln des Poloniums bestrahlte Aluminiumplatte selbst zu einer radioaktiven Quelle wurde. Nähere Untersuchungen ergaben, daß sich das Aluminium in radioaktiven Phosphor verwandelt, in sein radioaktives Isotop, das mit dem Symbol Phosphor 32 bezeichnet wird.
Obwohl die Entdeckung eine physikalische Erscheinung betraf, waren zur Beweisführung chemische Methoden angewandt worden. Das Ehepaar *Joliot-Curie* wurde damals mit dem Nobelpreis für Chemie ausgezeichnet. Das erfolgte 1935, knapp zwei Jahre nach Beendigung der epochemachenden Arbeit, die vor der Wissenschaft vom Bau und den Eigenschaften der Materie neue Perspektiven auf den damals am eingehendsten bekannten Ebenen eröffnete. Auf diese Weise gelangte die Familie *Curie* in den Besitz des dritten Nobelpreises.
Frédérics Lehrer *Paul Langevin* sagte auf dem von den französischen Wissenschaftlern zu Ehren der Preisträger gegebenen Bankett:

Um in der Wissenschaft einen solchen Erfolg wie die Entdeckung der künstlichen Radioaktivität zu erzielen, bedurfte es solcher Menschen wie *Irène Curie* und *Frédéric Joliot!* Für die Erringung eines solchen Erfolges bedurfte es der Tradition und der Anstrengung des Laboratoriums, in dem Madame *Curie* planmäßig und allmählich sämtliche wissenschaftliche Mittel zusammengetragen hat, die dem Curie-Laboratorium in Anerkennung der Verdienste der großen Gelehrten für die Wissenschaft und die Menschheit oft zuteil wurden.

Maria selbst hatte große Freude an den ausgezeichneten Ergebnissen der Arbeit ihrer Tochter und ihres Schwiegersohnes. Sie erblickte in ihren Forschungen die Fortsetzung ihrer eigenen schöpferischen, aktiven und so erfolgreichen Arbeit.

Es war für unsere unvergeßliche Lehrerin eine große Freude, als wir ihr berichteten, daß wir die Synthese neuer radioaktiver Substanzen durchführen können. Das hat es uns ermöglicht, die Liste der radioaktiven Substanzen zu erweitern, die sie zusammen mit *Pierre Curie* ruhmvoll eingeleitet hat,

sagte *Frédéric Joliot* während einer der Versammlungen, die dem ehrenden Andenken an *Maria Sklodowska-Curie* gewidmet war.
1937 verließ *Frédéric Joliot* das Radiuminstitut, um eine eigene Einrichtung im Collège de France zu übernehmen, an dem er Professor wurde. Er befaßte sich dann mit dem Prozeß der Kernspaltung und machte dabei wichtige Entdeckungen. Die Ergebnisse dieser Arbeiten deuteten bereits auf die Möglichkeit einer Kettenreaktion bei der Kernspaltung des Urannuklids.
Frédéric Joliot weilte während des zweiten Weltkrieges im besetzten Frankreich und hatte daher nicht die Möglichkeit, seine Forschungen im entsprechenden Umfang fortzusetzen. Die Kettenreaktion bei der Kernspaltung des Urannuklids, die es ermöglichte, Kernenergie für praktische Zwecke freizusetzen, wurde erstmalig 1942 von *Enrico Fermi* in den Vereinigten Staaten verwirklicht. Nichtsdestoweniger leitete *Frédéric Joliot* nach Beendigung des Krieges den Bau des ersten Kernreaktors in Westeuropa, der 1948 in Betrieb genommen wurde. Der Gelehrte war zu jener Zeit Direktor des französischen Kernforschungszentrums in Orsay und Oberbeauftragter für Fragen der Kernenergie, bis er wegen seiner politischen Überzeugung entlassen wurde.
Irène wurde noch zu Lebzeiten ihrer Mutter (1932) wissenschaftliche Leiterin des Radiuminstituts und 1946 Direktor des Instituts. 1937 erhielt sie einen Lehrstuhl an der Sorbonne. Kurz vor dem Krieg befaßte sie sich mit Untersuchungen der aus dem Urankern anfallenden Produkte, wenn jener mit Neutronen bestrahlt wird. *Irène* und *Frédéric* wohnten als junge Eheleute zuerst zusammen

mit *Maria* und *Eve*, kurze Zeit darauf zogen sie jedoch aus. Die Gelehrte blieb allein mit der jüngeren Tochter, die ganz anders war als die Mutter. Sie kleidete sich zum Beispiel modisch und erlangte sogar einen gewissen Einfluß auf die Gewohnheiten der Mutter bezüglich der Kleidung.

Obwohl Frau *Sklodowska-Curie* bereits die Sechzig überschritten hatte, arbeitete sie weiterhin viel, 12 bis 14 Stunden täglich. Sie fand jedoch jetzt etwas Zeit zum Lesen von Büchern, die sie von der ständigen Konzentration ablenkten — Romane von *Colette* oder *Rudyard Kipling*. Dann kehrte sie wieder an die wissenschaftliche Arbeit zurück, wälzte bis tief in die Nacht wissenschaftliche Publikationen, machte Notizen und Berechnungen. Sie mochte keinen Schreibtisch, sondern saß einfach auf dem Fußboden. Und obwohl sie überall, sogar zu Hause, nur französisch sprach, rechnete sie polnisch.

1933 gelang es im Curie-Laboratorium, eine Aktiniumquelle zu erschließen, in der dieses Element in starker Konzentration enthalten war. *Maria* und ihre Mitarbeiter führten jetzt eine Reihe von Arbeiten aus. Sie betrafen nicht nur das Aktinium selbst, sondern auch dessen Derivate: Aktinon und Radioaktinium.

Man schrieb das Jahr 1934. *Maria*, damals 67 Jahre alt, untersuchte das Aktiniumspektrum, d. h. die nicht radioaktive Lichtstrahlung dieses Atoms. Während der Frühlingsferien nahm sie an der neuen Radiumprobe, die Prof. *Meyer* aus Wien geschickt hatte, sehr sorgfältige Messungen vor. In dieser Zeit weilte ihre Schwester *Bronislawa* in Paris, und beide unternahmen einen Autoausflug nach Südfrankreich. Unterwegs erkältete sich *Maria* und erkrankte ernsthaft, ihre Kräfte nahmen rasch ab.

Nach ihrer Rückkehr nach Paris ging es ihr bald besser, bald schlechter. Schließlich mußte sie endgültig das Bett hüten. Sie fühlte sich sehr schwach, und die Ärzte nahmen an, daß sich die früheren tuberkulösen Veränderungen in der Lunge wieder bemerkbar machen würden. Es fiel der Entschluß, die Gelehrte in das Sanatorium nach Sancellemoz zu schicken. Die Reise war sehr schwer. Unterwegs wurde *Maria* in den Armen der Tochter und der Pflegerin mehrmals ohnmächtig.

In Sancellemoz stellte sich heraus, daß die Lungen in Ordnung waren. Trotzdem fieberte *Maria*, die Temperatur stieg auf über 40 °C. Aus Genf wurde Prof. *Roch* ans Krankenbett gerufen. Der ausgezeichnete Spezialist stellte nach dem Vergleich der Ergebnisse der Blutanalyse, die in den nächsten Tagen durchgeführt worden war, eine unfehlbare Diagnose: bösartige Anämie, die sehr heftig verlief. Sie trat, wie man später feststellte, infolge der Strahlung auf, der Frau *Curie* durch die radioaktiven Substanzen unter den früheren primitiven Arbeitsbedingungen ausgesetzt war. Der geschwächte Organismus der Gelehrten reagierte leider nicht mehr auf Medikamente. Eine Rettung erwies sich als unmöglich.

Inzwischen wurde *Marias* letzte Arbeit abgeschlossen. Ihre Kollegen vom Radiuminstitut beendeten im Einverständnis mit ihr die Untersuchungen der aus Wien eingetroffenen Radiumprobe. In den letzten Junitagen hatte Frau *Skłodowska-Curie* an Prof. *Meyer* einen Brief gesandt, in dem sie den Empfang dieser Probe bestätigte.

Das Ende rückte näher. Trotz des schnellen Kräfteverlustes gab *Maria* jedoch nicht auf. *Eve Curie* schreibt:

Ihre letzten Augenblicke verraten die unheimliche Widerstandsfähigkeit und die Kraft dieser Frau, die nur scheinbar hinfällig war. Das Herz hört nicht auf zu schlagen und klopft unermüdlich und hartnäckig in dem Körper weiter, der bereits erkaltet. 16 Stunden halten Dr. *Pierre Lowys* und *Eve* die eisigen Hände, die noch nicht tot, aber nicht mehr lebendig sind. Erst als die Morgenröte am nächsten Tag heraufzieht, die Sonne den Schnee in den Bergen rötet und ihre Wanderung an dem herrlich reinen Himmel beginnt, als der herrliche Morgenglanz das Zimmer erhellt und die Bettstatt erleuchtet, die eingefallenen Wangen und grauen Augen streift, die bereits ohne Ausdruck und durch den Tod gläsern sind, steht das Herz endlich still.

Am 4. Juli verschied *Maria*. Zwei Tage später geleiteten nur ihre engsten Angehörigen und nahen Freunde den Sarg der großen Gelehrten zum Familiengrab in Sceaux.

6. PERSPEKTIVEN

Der Wissenszweig, der seine Entstehung der epochemachenden Entdeckung *Maria Sklodowska-Curies* verdankt, entwickelte sich auf ungewöhnliche, unerwartete Weise. Die Entdeckungen dieser Wissenschaftlerin leiteten eine stürmische Entwicklung der Wissenschaft über die Struktur der Materie ein. Sie wurden zum Eigentum der gesamten Menschheit und eröffneten nicht nur der Erkenntnis, sondern auch der Technik und der Wirtschaft in der Welt und der gesamten zeitgenössischen Zivilisation ungeahnte Perspektiven.

Vor den epochalen Forschungen *Maria* und *Pierre Curies* betrachtete man die stoffliche Materie als etwas Statisches, als Element eines fest zusammengefügten Mechanismus. Der kleinste Baustein dieser Materie war das Atom — der unveränderliche, unverformbare Grundbaustein des Universums.

Mit der Entdeckung der Radioaktivität begann eine Revolution in der Wissenschaft. Die Träume der Alchimisten — die für utopisch gehalten und geradezu verlacht worden waren — nahmen plötzlich Gestalt an. Die Möglichkeit, ein Element in ein anderes umzuwandeln, erwies sich als völlig real. Aus diesen Entdeckungen resultierte auch die Freisetzung von Kernenergie in technischem Maßstab, jedoch erst vierzig Jahre, nachdem *Maria Sklodowska-Curie* das Radium entdeckt hatte.

Die große Gelehrte hat jedoch nicht vorausgesehen, daß ihr selbstloses Streben, der Materie die Geheimnisse ihrer Struktur zu entreißen, herrliche und zugleich gefährliche Früchte tragen würde, daß einst unter dramatischen Umständen eine fast kosmische Gewalt auftauchen würde, die die gesamte Erdoberfläche und sämtliches Leben darauf zerstören könnte.

Das Werk *Maria Sklodowska-Curies* bildet die Grundlage für zahlreiche äußerst nützliche Anwendungen, die auf einer ganzen Reihe neuer künstlicher Materieformen — radioaktiver Isotope — und intensiver Quellen von elektromagnetischer und Korpuskularstrahlung von gewaltiger Energie aufbauen. Sowohl die Isotope als auch die Quellen jener Strahlungen, der Röntgen- und Gammastrahlung sowie der Teilchenstrahlen, werden gemäß den Ergebnissen der von der großen Polin inspirierten und durchgeführten Arbeiten umfassend angewandt: von den Grundlagenwissenschaften —

Physik, Chemie, Biologie — über Medizin und Heilwesen bis zur Geophysik und Geologie, Geschichte und Archäologie, Technik und Industrie, ja sogar zum Verkehrswesen.

Maria Skłodowska-Curie leitete die Kernforschung und deren Verbreitung im Weltmaßstab ein, und bereits in der Anfangsphase der Forschungen trug sie in hohem Maße zu deren allseitiger Entwicklung bei.

Pierre Curie war der unvergleichliche Lehrer *Marias*, sowohl hinsichtlich der Methoden der wissenschaftlichen Arbeit als auch der Physik selbst. Die Entdeckung der Radioaktivität verdanken wir jedoch vor allem der untrüglichen Intuition *Marias*. *Pierre Curie* interessierte sich hauptsächlich für die physikalische Seite des Problems, und als sich die Untersuchungen der Radioaktivität ausdehnten, verlor er das Interesse daran. *Maria* schrieb über ihn:

... Er fühlte sich am glücklichsten auf einem Gebiet, in dem einige Forscher ruhig arbeiteten. Das große Echo, das die Radioaktivität hervorrief, veranlaßte ihn, dieses Arbeitsfeld für eine gewisse Zeit zu verlassen und die unterbrochenen Forschungen aus dem Bereich der Kristallphysik wiederaufzunehmen.

Dank der Persönlichkeit der großen Gelehrten entstand das Curie-Laboratorium, und dank ihrem Wissen, ihrem Talent, ihrer Initiative und ihren unablässigen Bemühungen wurde es zu einer Einrichtung von hohem wissenschaftlichem Rang. Mit der Entwicklung des Curie-Laboratoriums waren zweifellos die Geschicke des Radiuminstituts verknüpft, in dem die angewandten Arbeiten und das Heilwesen so eng mit der Grundlagenforschung verbunden waren, die unter der Leitung von *Maria Curie* durchgeführt wurde.

Die große Bedeutung der Tätigkeit der Pariser Einrichtung für die Wissenschaft und für die praktische Nutzung ihrer Ergebnisse — vor allem in der Medizin — trug dazu bei, daß das Interesse für das Radiuminstitut im Ausland wuchs.

Bereits im Jahre 1920 gewann diese Einrichtung einen wohlhabenden Protektor in der amerikanischen Carnegie-Stiftung. Es entstand der Curie-Carnegie-Fonds, und die materielle Lage des Instituts verbesserte sich erheblich. Es war nun möglich, die wachsenden Bedürfnisse des sich entwickelnden Zentrums zu befriedigen; teure, moderne Apparate konnten gekauft und stärkere radioaktive Präparate erworben werden.

Die große Autorität *Maria Sklodowska-Curies*, die Ergebnisse ihrer Reisen in die Vereinigten Staaten, die Geschenke — vor allem das äußerst wertvolle Radium — sowie die persönlichen Beziehungen, ganz zu schweigen von dem wachsenden Interesse an der Radioaktivität und am Bau des Atoms, trugen zur weiteren Entwicklung des Curie-Laboratoriums und des gesamten Radiuminstituts bei. Bereits 1923 war es eine große Forschungseinrichtung von internationalem Charakter.

Gelehrte aus aller Welt kamen nach Paris in das Radiuminstitut. „Ich verstehe, daß die internationale Zusammenarbeit eine sehr schwierige Aufgabe ist“, pflegte die Gelehrte zu ihren Schülern zu sagen. „Sie muß jedoch angeknüpft werden, auch um den Preis großer Anstrengungen und echter Aufopferung.“

Offiziell wurde im Radiuminstitut Französisch gesprochen, es waren dort jedoch die verschiedensten Sprachen zu hören, *Maria Curie* selbst beherrschte mehrere.

Jahre vergingen. Noch zu Lebzeiten *Marias* entdeckte ihre Tochter *Irène* zusammen mit ihrem Gatten *Frédéric Joliot* die künstliche Radioaktivität, die in einem vorher stabilen Stoff erzeugt werden kann. Diese Entdeckung wurde ebenfalls mit dem Nobelpreis honoriert.

Parallel zur experimentellen Forschung entwickelte sich die theoretische Arbeit. Es entstand die Quantenmechanik, die es ermöglichte, die ungewöhnlichen Prozesse im Inneren der Atome und ihrer Kerne zu verstehen. Eine ganze Reihe ausgezeichneter Wissenschaftler entzifferte die Geheimnisse der Struktur der Materie. Die Forschung drang tiefer in sie ein — bis hin zu den Elementarteilchen. Einige von ihnen bilden Bestandteile der Atomkerne. Für die neuen Entdeckungen wurden aufgrund ihrer fundamentalen Bedeutung oft Nobelpreise verliehen.

Und so näherte sich das Ende der dreißiger Jahre — die tragische Zeit des Beginns des zweiten Weltkriegs. Zu eben jener Zeit machten die Menschen eine ungewöhnliche Entdeckung. Es stellte sich heraus, daß die Atomkerne der Elemente mit der größten Masse, wie etwa Uran, einer speziellen Zerfallsreaktion unterliegen können — der Spaltung, die von der Freisetzung geradezu märchenhafter Energiemengen begleitet ist.

Die Kriegsgefahr mobilisierte die Wissenschaftler. Bald wurden in den Vereinigten Staaten Versuche unternommen, die Spaltungsreaktion massiver Kerne zu nutzen, um eine neue, furchtbare Waffe zu schaffen. Sie sollte dazu beitragen, die faschistischen Kräfte zu zerschlagen und einen dauerhaften Frieden in der ganzen Welt herzustellen.

Die Forscher, darunter viele hervorragende Persönlichkeiten — Emigranten aus Europa, u. a. *Albert Einstein*, waren von dem Projekt begeistert. Bereits am 2. Dezember 1942 gelang es dem von dem hervorragenden italienischen Physiker *Enrico Fermi* geleiteten Team, den ersten Kernreaktor zur praktischen Gewinnung von Atomenergie in Betrieb zu setzen, und am 16. Juli 1945 kam es in der Wüste im Staate New Mexico unweit Alamogordo zur ersten versuchsweisen Explosion der neuen Waffe — einer Explosion, deren Folgen die Erwartungen der an diesem Experiment beteiligten Wissenschaftler weit übertrafen.

Kurz darauf wurde beschlossen, die Atombombe als eines der Mittel gegen das noch kämpfende faschistische Japan einzusetzen. Zwar stand dieses Land bereits kurz vor dem Zusammenbruch, verwüstet durch die großen Luftangriffe, die die Großstädte eine nach der anderen in Schutt und Asche legten, durch eine wirksame Seeblockade von der Welt abgeschnitten und unmittelbar von einer Invasion amerikanischer Truppen bedroht, und dennoch ereilte am 6. August 1945 um 8.15 Uhr die nichtsahnenden Einwohner Hiroshimas das Unglück — die erste Atombombe wurde auf sie abgeworfen. Von einer viertel Million Einwohner kamen etwa 80 000 ums Leben. Zu dieser Zahl müssen noch die 14 000 Vermißten hinzugerechnet werden, vor allem aber jene zahlreichen Opfer der durch die Explosion hervorgerufenen Strahlenkrankheit, an der bis zum heutigen Tag Menschen sterben. Am 9. August wurde auch die große Hafenstadt Nagasaki fast zur Hälfte durch eine weitere Kernexplosion zerstört.

Im Grunde genommen waren die Atombombenexplosionen jedoch nicht gegen Japan, sondern gegen die Sowjetunion gerichtet — als eine Art Kräftedemonstration, die den Vereinigten Staaten in der aus dem Kriegsbrand emportauchenden Welt die Vorherrschaft sichern sollte.

Das Manöver verfehlte allerdings sein Ziel. Zu jener Zeit wurde in der Sowjetunion unter der Leitung des hervorragenden Physikers *Igor Kurtschatow* bereits intensiv an der praktischen Freisetzung der Kernenergie gearbeitet. 1946 begann im Institut für Kernenergie in Moskau der erste sowjetische Kernreaktor seine Arbeit. Drei Jahre später verfügte die UdSSR bereits über eine eigene Atomwaffe, in der die Spaltung massiver Kerne ausgenutzt wurde. 1953, bevor es den Amerikanern gelang, ihre erste Wasserstoffbombe zu bauen, wurde in der Sowjetunion der erste Versuch mit einer solchen Waffe durchgeführt. Die amerikanische experimentelle Explosion „Bravo" mit einer Stärke von 15 Megatonnen erfolgte erst am 28. Februar 1954 auf Bikini.

Die sowjetischen Leistungen bewirkten nicht nur ein Fiasko der sog. atomaren Erpressung, sie trugen auch in hohem Maße dazu bei, das Wettrüsten auf diesem Gebiet zu stoppen, ja mehr noch, einen Vertrag über das Verbot der Kernwaffenversuche im kosmischen Raum, der Erdatmosphäre und unter Wasser, vor allem aber einen Vertrag über das Verbot der Kernwaffenverbreitung abzuschließen. Letzterer wurde am 1. Juli 1968 von der Sowjetunion, den Vereinigten Staaten und Großbritannien unterzeichnet. Seitdem sind diesem Vertrag über 100 Staaten beigetreten. Die beharrlichen Bemühungen der UdSSR haben dazu beigetragen, die der Welt drohende Gefahr abzuwenden und den Frieden zu erhalten, den die ganze Menschheit so sehr braucht. Inzwischen haben sich die Kernforschung und die Arbeiten zur praktischen Nutzung der Atomenergie auf den verschiedensten Gebieten der Wissenschaft, Technik und Wirtschaft in immer größerem Maßstab entwickelt. Vor allem wurden die Grundlagen der Kernenergiewirtschaft — einer neuen mächtigen Quelle der Elektroenergie — geschaffen. Es wäre besonders zu unterstreichen, daß das erste Kernkraftwerk in Obninsk in der Sowjetunion in Betrieb genommen wurde. Seine Kapazität betrug 5000 kW, das historische Datum des Ereignisses ist der 27. Juni 1954.

Kurz danach fand in der UdSSR die berühmte Julikonferenz statt, auf der viele nukleare Geheimnisse enthüllt und auf diese Weise die Grundlagen für eine echte internationale Zusammenarbeit auf diesem Gebiet geschaffen wurden. So wurde es möglich, 1955 in Genf ein Welttreffen der Kernspezialisten zu organisieren, das unter der allgemein bekannten Bezeichnung „Erste Atomare Konferenz der UNO" in die Geschichte eingegangen ist. Erstmals auf internationaler Ebene wurden öffentlich grundlegende Probleme der Kerntechnik und ihre wissenschaftlichen Grundlagen diskutiert.

Hier wurde auch der Grundstock für die Weltorganisation Internationale Atomenergie-Agentur (IAEA) gelegt, die bald darauf mit Sitz in Wien ins Leben gerufen wurde, also auf dem Territorium des neutralen Österreich. Die IAEA entstand unter der Schirmherrschaft der UNO. Ihr Statut wurde am 26. Oktober 1956 bestätigt, und die Organisation selbst erlangte am 29. Juli 1957 ihren formalen rechtlichen Status. Die IAEA, der heute über 100 Staaten angehören, beschäftigt sich mit Untersuchungen auf dem Gebiet der Kernenergie, mit ihrer Entwicklung und ihrer praktischen Anwendung, aber ausschließlich zu friedlichen Zwecken.
Durch die offene Behandlung der Information und deren umfassenden internationalen Austausch begann sich die Kernenergieversorgung lebhaft zu entwickeln. Die Atomkraftwerke, die an Orten gebaut wurden, die von Brennstofflagerstätten weit entfernt waren, erwiesen sich als konkurrenzfähig gegenüber den herkömmlichen Kraftwerken. Viele große Kernkraftwerke entstanden in der Sowjetunion, Großbritannien, Frankreich, den Vereinigten Staaten, Kanada und anderen Ländern. 1954 war in der ganzen Welt nur ein derartiges Kraftwerk in Betrieb — das sowjetische Atomkraftwerk in Obninsk mit einer Kapazität von 5 Megawatt. 1975 betrug die Gesamtleistung aller derartigen Objekte allein in der UdSSR bereits 6226 Megawatt.
Im Laufe der Jahre wurden vollkommenere Kraftwerke gebaut, die bei höheren Temperaturen arbeiteten und größer waren. Heute liefern die einzelnen Blöcke eines Kernkraftwerks 500 Megawatt, und die nächsten Blöcke, die doppelt so viel Energie erzeugen sollen, befinden sich auf dem Reißbrett. Es wird auch intensiv an der Konstruktion und Nutzung von Kernenergiereaktoren gearbeitet, in denen neue Kernkraftstoffe entstehen, so daß am Ende mehr spaltbares Material gewonnen als verbraucht wird.
Gleichzeitig werden kleine, transportable Generatoren entwickelt, in denen Elektroenergie mit Hilfe von Kernenergie erzeugt wird. Dabei handelt es sich um Radionuklid-Thermoelementgeneratoren, in denen die durch den Zerfall entsprechender radioaktiver Isotope (gegenwärtig Plutonium Pu-238) freiwerdende Wärme durch thermoelektrische Wandler in Elektroenergie umgesetzt wird. Diese Stromquellen werden für Anlagen verwendet, an die schwer oder gar nicht heranzukommen ist. Radionuklid-Thermoelementgeneratoren werden also zur Stromversorgung von Bojen auf offener See,

automatischen Wetterstationen z. B. in der Nähe der Pole sowie von Raumsonden und Meßapparaturen auf anderen Planeten eingesetzt, um einige Jahre lang Meßergebnisse zu übermitteln. Zwar sind Radionuklid-Thermoelemente sehr teuer, sie zeichnen sich jedoch durch außergewöhnliche Zuverlässigkeit (sie enthalten keine beweglichen Teile) und Unabhängigkeit von äußeren Bedingungen aus. Ihre Leistung beträgt gegenwärtig einige Dutzend bis einige Hundert Watt. Sie sind rund zehn Jahre einsatzfähig.
Die erste Phase der Nutzung der Kernenergie war und ist weiterhin mit der Spaltung massiver Atomkerne wie bei Uran oder Plutonium verbunden. In der Natur dagegen ist ein anderer Prozeß verbreitet. Energie wird bei Synthesereaktionen freigesetzt, das heißt bei der Verschmelzung der leichtesten Kerne, vor allem der Wasserstoffisotope. Dieser Prozeß vollzieht sich in gewaltigem Maßstab im Inneren der Sterne, er bewirkt ihr langfristiges Bestehen und ihre Strahlung. Da er dort unter sehr hohen Temperaturen verläuft, die Millionen Kelvin betragen, heißen die Kernfusionen auch thermonukleare Reaktionen.
Thermonukleare Reaktionen in größerem Maßstab konnten erstmals Anfang der fünfziger Jahre durchgeführt werden — leider nur bei der Explosion von Wasserstoffbomben. Es wurden jedoch Anstrengungen unternommen, kontrollierte thermonukleare Reaktionen zu erreichen. Bedeutende Fortschritte auf diesem Gebiet wurden in der Sowjetunion erzielt. Und wieder tat dieses Land den ersten Schritt, diesmal zur Lüftung des Geheimnisses dieser Forschungen. Berühmt wurde die Rede des bereits erwähnten *Igor Kurtschatow* am 25. April 1956 im großen britischen Forschungszentrum Harwell, als er der Welt die sowjetischen Errungenschaften hinsichtlich kontrollierter thermonuklearer Reaktionen vorstellte. Durch die Haltung der Sowjetunion wurde die „Zweite Atomare Konferenz der UNO“, die 1958 mit großem Aufwand an Kräften und Mitteln in Genf stattfand, zu einem großen Überblick über den Fortschritt der Wissenschaft auf diesem Gebiet auf der ganzen Erde.
Die Menschen waren begeistert. Es schien, als ob wir im Laufe weniger Jahre eine neue, vollkommenere und ergiebigere Kernenergiequelle gewinnen würden. Thermonukleare Reaktionen scheinen auch deshalb vielversprechend, da bei ihrem Ablauf eine geringere Menge schädlicher radioaktiver Substanzen freigesetzt

wird als bei den Kernspaltungsprozessen. Es dürfte hier also keine Schwierigkeiten mit den sog. radioaktiven Abfallprodukten geben, wie sie bei der Verwendung von Uran oder Plutonium entstehen. Leider stellte es sich heraus, daß die phantastische, aus dem Wasserstoff gewonnene Energiequelle in der Praxis schwer nutzbar war. Seit jener „Zweiten Atomaren Konferenz der UNO" sind bereits über zwei Jahrzehnte vergangen, ein grundsätzlicher Schritt nach vorn ist jedoch nicht gemacht worden.

Es sind viele komplizierte Anlagen gebaut worden, in denen es gelungen ist, Plasma, d. h. ionisiertes Gas, von mehreren Millionen Kelvin herzustellen und gewaltige Stromstärken von mehreren Millionen Ampere zu erzeugen. In der Sowjetunion wurden Apparate konstruiert, die sich als außergewöhnlich vollkommen erwiesen und daher gegenwärtig in allen Ländern, die sich mit diesem Problem beschäftigen, die Vereinigten Staaten nicht ausgeschlossen, gebaut und zur Untersuchung thermonuklearer Reaktionen genutzt werden. Zur Erzeugung hoher Temperaturen in den entsprechenden Wasserstoffisotopen, die der Kernfusion ausgesetzt werden sollen, hat man auch mit der Verwendung von Laserstrahlen begonnen. Es ist anzunehmen, daß die Menschheit den Schlüssel zu diesem Prozeß wohl erst in der zweiten Hälfte der achtziger Jahre finden wird.

Die praktische Auslösung der kontrollierten thermonuklearen Reaktionen und ihre technische Nutzung können nur in ausreichend großen Anlagen erfolgen, die erst im Entstehen begriffen sind. Dann allerdings wird die Gefahr des Energiemangels in der Welt in weite Ferne rücken. Der Rohstoff für die Kernsynthese ist nämlich allgemein verbreitet — er bildet einen Bestandteil des Wassers, das auf unserem Planeten ausreichend vorhanden ist. Die Situation ist also ganz anders als beim Uran, dessen Vorräte begrenzt sind.

Gleichzeitig wird daran gearbeitet, die Kernenergie für Antriebszwecke zu nutzen. Praktisch fand sie bisher nur zum Antrieb von Hochseeschiffen Verwendung. Es entstand eine große Kernflotte — leider eine Kriegsflotte. Die U-Boote und Flugzeugträger wurden durch den Atomantrieb von der Versorgung mit rasch verbrauchtem herkömmlichem Treibstoff unabhängig. Sie haben heute eine unbegrenzte Reichweite und können mehrere Jahre lang fahren, ohne die Energievorräte ergänzen zu müssen. In der Sowjetunion wurden die einzigen Eisbrecher der Welt mit Atomantrieb konstruiert. Der erste, der Atomeisbrecher „Lenin“, wurde bereits 1959 in Betrieb genommen. Er ist ein wahrer Riese. Bei einer Wasserverdrängung von 16000 t war er zu Beginn seiner Inbetriebnahme fast doppelt so groß wie der größte damalige amerikanische Eisbrecher „Glacier“, dessen Wasserverdrängung „knapp“ 8625 t betrug. Die Motorleistung des Atomeisbrechers „Lenin“ beträgt 44000 PS. Es ist also nicht verwunderlich, daß sich das Schiff selbst bei einer Eisdecke von 2,5 m Dicke mit einer Geschwindigkeit von 2 Knoten freizügig bewegt. Der Eisbrecher diente und dient weiterhin dazu, die Wasserwege eisfrei zu halten, beschleunigt so den Seetransport auf dem Nördlichen Seeweg, dem Eismeer, und ermöglicht es, diesen Weg noch weiter nach Norden zu führen, was vorher unmöglich war. In den siebziger Jahren erhielt „Lenin“ Verstärkung durch zwei neue, vollkommenere Eisbrecher; 1974 durch „Arktika“ und 1976 durch „Sibir“.

Die Verwendung von Kernenergie zum Antrieb von Flugzeugen erwies sich vorerst als irreal. Dagegen haben die Arbeiten am Atomantrieb von Raketen bedeutende Fortschritte gemacht. Im Prinzip ist dieses Problem gelöst. Die Untersuchung von Prototypen der nuklearen Raketenmotoren an Land, bei denen ein Hochtemperaturreaktor den Wasserstoff erhitzte, der die Rückstoßmasse bildete, fiel sehr günstig aus. Leider erwiesen sich die Kosten für die Realisierung der ersten Raketen mit Atomantrieb als übermäßig hoch; sie standen in keinem Verhältnis zu dem Vorteil in Form des etwa doppelt so großen Auftriebs im Vergleich zu den Raketen mit gewöhnlichem chemischem Antrieb.

Dennoch wird sich die Situation in nicht allzu ferner Zukunft radikal ändern, und der chemische Antrieb wird fast völlig außer Gebrauch kommen. Im Zusammenhang mit der Erschließung des Raums zwischen Erde und Mond wird es notwendig, die Beförderung auf den Strecken in diesem Raum intensiv zu entwickeln — es wird eine Massenbeförderung von Menschen und Gütern einsetzen. Es wird notwendig sein, große Anlagen in den Kosmos zu entsenden. Wir werden beginnen, selbst zu anderen Planeten zu fliegen, und wir werden dann bedeutend schneller reisen müssen als die heutigen unbemannten Sonden. Es wird schließlich die Durchdringung des interstellaren Raums unter Verwendung von Elektro-Ionen-Motoren sowie bestimmt Photonen-Motoren einsetzen, die an gigantische Laser erinnern. All das wird es erforderlich machen, die geballten, ergiebigen Kräfte des Atomkerns zu nutzen.

Weit sind wir schon entfernt von den bescheidenen und so schwierigen Anfängen — dem heroischen Ringen *Maria Skłodowska-Curies* mit der widerspenstigen Materie, der die Gelehrte ein großes Geheimnis entrissen hat. Wenn wir die großartigen zeitgenössischen Errungenschaften und die unermeßlichen Perspektiven betrachten, die sich vor der Menschheit eröffnen, die in den Kosmos vordringt, so dürfen wir nie vergessen, daß die Ergebnisse der Forschungen dieser Frau die ursprüngliche Quelle unserer heutigen Erfolge und künftiger Errungenschaften bilden. In den revolutionären Zeiten der Umgestaltung der Erde bleibt *Maria Skłodowska-Curie* ein unerreichbares, unvergleichliches Vorbild für künftige Generationen.

Abb. 28. *Maria-Sklodowska-Curie*-Museum in der Freta-Straße 16 in Warszawa

Lieferbare Bände über Physiker und Chemiker in dieser Reihe:

Band	Autor und Titel	Preis	Bestell-Nr.
5	Schütz: M. Faraday	4,35	665 165 0
7	Schütz: M. W. Lomonossow	5,45	665 547 5
8	Danzer: D. I. Mendelejew und L. Meyer	5,35	665 585 4
11	Kauffeldt: O. v. Guericke	5,60	665 663 8
14	Herneck: A. Einstein	5,00	665 699 6
16	Heinig: C. Schorlemmer	4,70	665 721 9
19	Schmutzer/Schütz: G. Galilei	6,90	665 744 6
22	Werner: W. Weber	3,50	665 772 9
25	Wächtler/Mühlfriedel/Michel: E. Rammler	5,00	665 775 3
30	Rodnyj/Solowjew: W. Ostwald	18,50	665 774 5
49	Goetz: G. Chr. Lichtenberg	6,80	665 986 3
58	Cassebaum: C. W. Scheele	6,80	665 990 0
62	Dunsch: H. Davy	4,80	666 111 1
64	Stolz: O. Hahn und L. Meitner	4,80	666 142 9
65	Ullmann: E. F. F. Chladni	4,80	666 143 7
69	Schierhorn: W. Friedrich	6,80	666 141 0